PERIODIC-TABLE

하루 한 권, 주기율의 세계

사이토 가쓰히로 지음

원자와 분자, 무한한 세계를 만들어내는 화학의 규칙

사이토 가쓰히로

1945년 5월 3일에 태어났다. 1974년 일본 도호쿠대학교 대학원 이학연구과 박사과정을 수료한 이학박사로 현재 아이치가쿠인대학교 객원교수, 주쿄대학교 비상근강사, 나고야공업대학교 명예교수 등을 겸임하고 있다. 전문 분야는 유기 화학, 물리 화학, 광화학, 초분자 화학이다. 『マンガでわかる元素118 만화로 배우는 원소 118』·『料理の科学 요리로 읽는 맛있는 화학』·『マンガでわかる有機化学 가볍게 읽는 유기 화학』·『マンガでわかる無機化学 가볍게 읽는 무기 화학』·『カラー図解でわかる高校化学超入門(サイエンス・アイ新書) 컬러 도감으로 배우는 고등 화학 초입문(사이언스 아이 신서)』〈SBクリエイティブ〉,『亜澄廉太郎の事件簿 1, 2, 3 아즈미 렌타로의 사건부 1, 2, 3』〈C&R研究所〉 등 다수의 저서가 있다.

들어가며

이 책은 주기율표를 통해 원자의 구조와 성질, 반응성을 알아보는 책입니다. 주기율표라는 말에 고등학교 시절의 지긋지긋했던 화학 시간이 떠올라 몸서리칠 분도 있겠네요. 하지만 이 책은 결코 딱딱하고 따분한 책이 아닙니다. 오히려 쉽고 재미있게 여러분을 주기율표의 세계로, 나아가 화학의 세계로 초대할 것입니다.

우주는 무한하다고 해도 될 정도로 많은 물질로 이루어져 있습니다. 그리고 모든 물질은 원자로 구성되어 있지요. 그렇지만 물질을 이루는 원자는 90종류에 불과합니다. 고작 90종류의 원자가 모여서 결합을 통해 분자가 되고, 그 분자가 모여 물질을 이룬답니다.

원자의 구조는 단순합니다. 구름으로 이루어진 공과 비슷하지요. 정중앙에 작은 원자핵이 있고 그 주위를 구름 같은 전자구름이 둘러싸고 있습니다. 원자핵에는 +1의 전하를 가지는 양성자들이 있는데, 그 개수를 원자의 원자 번호 Z라고 부릅니다. 또한 전자구름을 구성하는 전자는 −1의 전하를 띠며 그 개수는 양성자의 수, 즉 원자 번호 Z

와 같습니다. 그래서 양성자와 전자의 전하가 모두 더해진 원자는 전기적으로 중성을 띠게 되지요.

이런 원자들로 이루어진 집합의 원소들을 원자 번호 Z의 순으로 나열해 봅니다. 그리고 그 원소들로 행렬을 만들면 흥미로운 사실을 알 수 있습니다. 바로 Z=1인 수소, Z=3인 리튬, Z=11인 나트륨[1], Z=19인 칼륨[2] 모두가 +1의 양이온이 되기 쉬운 성질을 갖고 있다는 것입니다. 이처럼 비슷한 성질의 원소가 세로로 나열되도록 줄 바꿈을 해서 배열합니다. 이렇게 완성된 표가 바로 주기율표랍니다. 날짜의 행렬을 7일 단위로 나누어 배열한 달력과 같은 원리지요. 달력에서 가장 왼쪽 줄이 모두 행복한 일요일이듯이 주기율표의 가장 왼쪽 줄인 1족에 나열된 원소들은 비슷한 성질과 반응성을 가집니다.

이와 같은 것들을 알고 나서 주기율표를 다시 보면 원소의 성질을 어느 정도 추측할 수 있습니다. 예를 들면 1족 원소는 1가의 양이온이 되기 쉽고, 2족 원소는 2가의 양이온이 되기 쉽다는 성질 말이지요. 주기율표의 가치와 의의가 여기에 있답니다.

올림픽 메달 색인 금, 은, 동은 주기율표에서 11족에 나란히 자리합니다. 또 금, 은과 함께 귀금속이라 불리는 백금, 팔라듐은 각각 금과 은 옆에 있습니다.

---

1 대한화학회 기준(2018년) 원자 번호 11번 Na의 공식 표기는 소듐이다. 하지만 원소 기호와의 괴리감 때문에 교과서를 비롯해 아직 이전 표기인 나트륨을 사용하고 있는 곳이 많다. 또한 국립국어원에서도 나트륨과 소듐 두 가지 모두 표준어로 인정하고 있다. 따라서 이 책은 주기율표에 친근하게 다가감을 목표로 하는 만큼 일상생활에서 익숙한 나트륨으로 표기하기로 한다.

2 원자 번호 19번 K의 대한화학회 기준 공식 표기는 포타슘이다. 하지만 나트륨과 같은 이유로 이 책에서는 칼륨으로 표기한다.

원자로의 연료로 알려진 우라늄, 플루토늄은 주기율표의 끝 쪽에 위치하므로 비교적 커다란 원소임을 알 수 있습니다. 미래의 원자로 연료로 유망한 토륨도 마찬가지지요.

최근에는 발광성, 자성 등의 특이한 성질을 가지고 있는 희토류가 화제가 되고 있습니다. 그 특이한 성질을 이용해 레이저나 기억 소자의 원료로 쓰이거나, 강력한 자석으로 초소형 모터에 사용되기도 합니다. 그야말로 현대 과학의 필수 원소로 활약하고 있지요. 희토류는 3족 원소의 일부이며, 총 17개의 원소로 구성됩니다.

그런데 이 중 15개의 원소는 주기율표의 본체가 아닌 주기율표 아래에 마치 덤처럼 붙어 있는 별도의 표에 적혀 있습니다. 이는 이 15개의 원소가 마치 열다섯 쌍둥이처럼 성질이 비슷하다는 것을 의미합니다. 실제로 희토류 원소는 서로 성질이 비슷해서 분리하기가 어려울 정도랍니다.

주기율표는 원소의 구조를, 특히 전자 배치를 충실하게 반영했습니다. 전자 배치는 곧 원자의 성질과 반응성을 결정하지요. 그렇기 때문에 주기율표에는 결국 원자의 성질과 반응성까지 반영되어 있는 것입니다.

이 책을 읽고 나면 고등학생일 때는 딱딱하게만 느껴졌던 주기율표가 생생하고 흥미롭게 보일 것입니다. 주기율표는 화학을 배우기 위한 첫 단추라고 하지요. 이 책을 통

해 주기율표를 친근하게 느끼고 나면, 화학에 한 걸음 더
다가갈 뿐 아니라 나아가 화학의 팬도 될 수 있을 것이라
확신합니다.

사이토 가쓰히로

목차

제2부 전형 원소의 성질

[제6장] 1, 2, 12족 원소

[제7장] 13~15족 원소

[제8장] 16~18족 원소

제3부 전이 원소의 성질

제9장 전이 원소 각론

제10장 희토류 원소

제11장 악티늄족 원소

제1장

원자란 무엇인가?

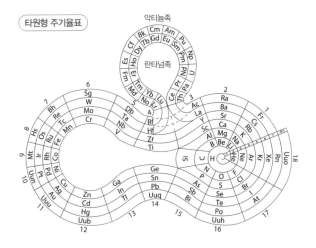

118개 원소의 주기율표

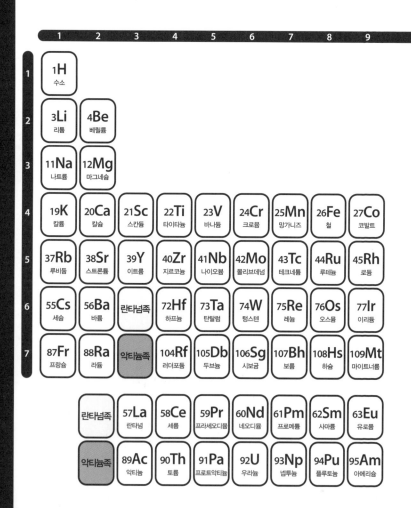

	1	2	3	4	5	6	7	8	9
1	1H 수소								
2	3Li 리튬	4Be 베릴륨							
3	11Na 나트륨	12Mg 마그네슘							
4	19K 칼륨	20Ca 칼슘	21Sc 스칸듐	22Ti 타이타늄	23V 바나듐	24Cr 크로뮴	25Mn 망가니즈	26Fe 철	27Co 코발트
5	37Rb 루비듐	38Sr 스트론튬	39Y 이트륨	40Zr 지르코늄	41Nb 나이오븀	42Mo 몰리브데넘	43Tc 테크네튬	44Ru 루테늄	45Rh 로듐
6	55Cs 세슘	56Ba 바륨	란타넘족	72Hf 하프늄	73Ta 탄탈럼	74W 텅스텐	75Re 레늄	76Os 오스뮴	77Ir 이리듐
7	87Fr 프랑슘	88Ra 라듐	악티늄족	104Rf 러더포듐	105Db 두브늄	106Sg 시보귬	107Bh 보륨	108Hs 하슘	109Mt 마이트너륨

란타넘족	57La 란타넘	58Ce 세륨	59Pr 프라세오디뮴	60Nd 네오디뮴	61Pm 프로메튬	62Sm 사마륨	63Eu 유로퓸
악티늄족	89Ac 악티늄	90Th 토륨	91Pa 프로트악티늄	92U 우라늄	93Np 넵투늄	94Pu 플루토늄	95Am 아메리슘

이 책은 주기율표에서 원소가 나열되는 규칙을 알아보고 족·주기의 각 집합이 가진 공통적인 성질과 각각의 개성에 대해 설명한다. 주기율표를 가로·세로로 나누어 살펴보고 나면 틀림없이 주기율표에 대해 잘 이해하게 될 것이다. 제1장에서는 우선 원자의 기초를 다지기로 한다.

10	11	12	13	14	15	16	17	18
								2**He** 헬륨
			5**B** 붕소	6**C** 탄소	7**N** 질소	8**O** 산소	9**F** 플루오린	10**Ne** 네온
			13**Al** 알루미늄	14**Si** 규소	15**P** 인	16**S** 황	17**Cl** 염소	18**Ar** 아르곤
28**Ni** 니켈	29**Cu** 구리	30**Zn** 아연	31**Ga** 갈륨	32**Ge** 저마늄	33**As** 비소	34**Se** 셀레늄	35**Br** 브로민	36**Kr** 크립톤
46**Pd** 팔라듐	47**Ag** 은	48**Cd** 카드뮴	49**In** 인듐	50**Sn** 주석	51**Sb** 안티모니	52**Te** 텔루륨	53**I** 아이오딘	54**Xe** 제논
78**Pt** 백금	79**Au** 금	80**Hg** 수은	81**Tl** 탈륨	82**Pb** 납	83**Bi** 비스무트	84**Po** 폴로늄	85**At** 아스타틴	86**Rn** 라돈
110**Ds** 다름슈타튬	111**Rg** 뢴트게늄	112**Cn** 코페르니슘	113**Nh** 니호늄	114**Fl** 플레로븀	115**Mc** 모스코븀	116**Lv** 리버모륨	117**Ts** 테네신	118**Og** 오가네손

64**Gd** 가돌리늄	65**Tb** 터븀	66**Dy** 디스프로슘	67**Ho** 홀뮴	68**Er** 어븀	69**Tm** 툴륨	70**Yb** 이터븀	71**Lu** 루테튬
96**Cm** 퀴륨	97**Bk** 버클륨	98**Cf** 캘리포늄	99**Es** 아인슈타이늄	100**Fm** 페르뮴	101**Md** 멘델레븀	102**No** 노벨륨	103**Lr** 로렌슘

원자는 어떻게 만들어지는가?

우주는 물질로 이루어져 있다. 물질의 종류는 헤아릴 수 없을 만큼 많다. 무한대라고 해도 좋을 정도이다. 그리고 모든 물질은 원자로 이루어져 있다. 그렇다면 원자의 종류 역시 무한대일까? 절대 그렇지 않다. 원자의 종류는 물질의 종류에 비하면 놀라울 정도로 적기 때문이다. 세는 방법에 따라 다르겠지만 여기서 원자는 약 90종류가 있다고 해두겠다.

그에 따르면 고작 90종류의 원자가 무한대의 물질을 만들어내는 셈이다. 어떤 '원리'로 그것이 가능한지는 이 책을 읽다 보면 저절로 깨닫게 될 것이다. 그 전에 간단히 비유한다면, 알파벳은 26글자밖에 되지 않지만 그것을 조합해서 만드는 단어의 개수는 무한대인 것과 마찬가지라고 볼 수 있다.

① 우주의 탄생

우주는 약 137억 년 전의 빅뱅으로 인해 시작되었다고 한다. 당시 '우주의 기원'이 갑자기 대폭발을 일으켰는데 원자도 시간도 공간도 그 순간 시작되었다고 하니 빅뱅이 모든 것의 시작점이라고 볼 수 있다.

② 원자의 탄생

빅뱅과 함께 우주의 기원이 산산조각 나며 흩어졌고 그 조각이 바로 수소 H였다. 수소는 구름처럼 퍼지다 점점 농담(濃淡)의 차이가 생겨났다. 밀도가 높은 부분은 중력도 커져서 주위의 '수소 구름'을 끌어당겨 한층 더 고밀도가 되었고 중심부의 압력 역시 한층 높아졌다. 그러다 마찰열까지 발생해 고온고압 상태가 된 중심부에서는 2개의 수소 원자가 융합하기 시작한다. 그러다 곧 1개의 헬륨 He이 되는 핵융합 반응을 일으키며 거대한 에너지를 분출했다. 태양과 같은 항성이 탄생하게 된 것이다.

항성에서는 또다시 핵융합이 일어나 헬륨 3개가 탄소 C 1개가 되었다. 그런 식으로 계속해서 커다란 원자가 탄생했다. 항성이 원자의 탄생지인 셈이다. 하지만 그렇게 태어나는 원자는 철 Fe까지였다. 철보다 큰 원자는 핵융합으로 만들어지지 않았다.

그래서 구성성분이 철인 항성은 더 이상 핵융합을 통해 에너지를 만들지 못하게 되었다. 그런 항성들은 점점 에너지를 잃고 수축했다. 그 중에서도 어떤 별들은 결국 질량과 에너지의 균형을 잃고 대폭발을 일으키게 된다. 철보다 큰 원자들은 이러한 대폭발로 인해 생겨났다.

그렇게 우주에는 약 90종류의 원자가 태어났고 원자들이 모여 행성이 되었다. 더 나아가 물질이 되고 생물이 되기도 했다. 이때 탄생한 원자들의 명단이 바로 주기율표이다.

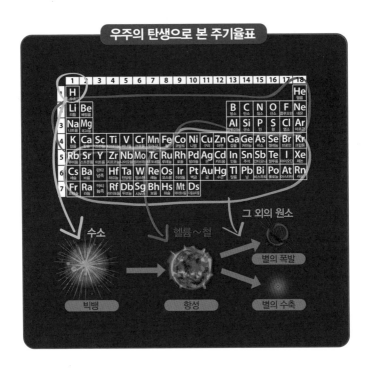

우주의 탄생으로 본 주기율표

원자와 원소의 다른 점

주기율표는 원소를 크기, 즉 원자 번호 순으로 나열해놓고 적절한 곳에서 줄 바꿈을 한 표이다. 달력도 날짜를 크기순으로 늘어놓고 7일마다 줄 바꿈을 해놓았다. 그런 의미에서 주기율표는 원소의 달력이라고도 할 수 있다.

① 원자와 원소

이 책에서는 주기율표를 주로 다루기로 했지만 최종 목적은 주기율표를 통해 화학을 새롭게 바라보게 하는 것이다. 그러니 초보적인 내용일지라도 헷갈릴만한 부분은 다시 짚고 넘어가고자 한다.

우리가 화학을 배울 때 가장 먼저 등장하는 단어는 '원소' 아니면 '원자'이다. 앞서 주기율표는 '원소'를 '원자' 번호순으로 나열했다고 말했다. 그렇다면 원소와 원자란 무엇일까? 원소와 원자는 다른 것일까, 아니면 같은 것일까?

이러한 정의를 생각하다 보면 머리가 복잡해지므로 언급하지 않고 넘어가는 것이 최고겠지만 그러면 마음 한구석이 찝찝한 독자가 있을 수도 있으니 잠시 살펴보도록 하자.

원자는 물질이다. 하지만 원소는 물질이 아니다. 이제는 물질이란 무엇인가 하는 새로운 의문이 생길 것이다. 물질은 유한한 부피와 질량을 가진다. 그래서 원자는 돌멩이처럼 1개, 2개 또는 6×10^{23}개(아보가드로수, 1-6 참조)와 같이 셀 수 있다. 다소 흐리게나마 사진으로 확인하는 것도 가능하다. 앞으로 더 뛰어난 검출 장치가 만들어진다면 지금보다 선명하게 원자 하나하나를 볼 수 있게 될 것이다.

② 원소

그에 비해 '원소'는 질량도 부피도 없다. 원소는 물질이 아니라 개념이기 때문이다. 원자의 성질을 추려서 정리한 것이라고 생각하면 된다.

한국인이라는 인종은 있지만 한국인이라는 개인은 없다. 개인은 셀 수 있지만 인종은 셀 수 있는 것이 아니다. 원소는 한국인이라는 '인종'에 해당한다. 그에 비해 원자는 나와 나의 친구 같은 '개인'에 해당한다. 한 명 한 명의 '개인'은 인간이지만 '한국인'이라는 인종은 인간이 아닌 개념이다. 이것이 바로 원소와 원자의 차이점이다. 한국인에도 여러 종류의 개인이 있듯이 '수소 원소'에도 여러 가지 '수소 원자'가 존재한다.

달력과 비슷한 주기율표

원소는 원자의
성질을 정리한 개념이며
주기율표는 그를 이해하기 쉽게
나열한 표

원자의 형태

원자가 실제로 어떤 형태인지 직접 본 사람은 아무도 없다. 하지만 사진으로는 원자의 위치를 찍을 수 있고 실험실에서는 원자 하나하나를 움직일 수도 있다. 현재 여러 실험 결과를 종합하면 원자는 구름으로 이루어진 공 같은 형태로 추측된다.

① 전자구름과 원자핵

원자의 형태가 구름으로 이루어진 공처럼 보이는 것은 전자구름 때문이며 이것은 여러 개의 전자 e의 집합체이다. 여기서 e는 electron의 약자다. 전자는 마이너스 전하를 가지고 있어서 1개의 전자는 −1의 전하를 띤다. 전자구름의 중심에는 원자핵이 있다. 원자핵은 플러스 전하를 띠며 Z개의 전자를 갖는 원자의 원자핵은 +Z의 전하를 가진다. 그래서 원자 전체는 원자핵의 플러스 전하 +Z와 전자의 마이너스 전하 −Z가 상쇄되어 전기적으로 중성이 된다.

② 원자의 크기

원자는 매우 작은 입자이며 그 지름은 10^{-10}m 정도다. 이것은 원자를 확대해서 탁구공 크기로 만들면 같은 비율로 확대한 탁구공이 지구만 한 크기가 된다는 의미이다. 그만큼 원자의 크기는 작다.

그런데 원자핵은 그것보다 더 작다. 원자핵의 지름은 약 10^{-14}m이므로 원자 지름의 1만분의 1이다. 즉 원자핵의 지름이 1cm라고 하면 원자의 지름은 10^4cm=1만cm=100m가 된다. 고척 스카이 돔[3]을 2개 겹쳐놓은 거대한 팥

---

3 서울 구로구 고척동에 있는 우리나라 최초의 돔 형태 야구경기장으로 좌우 펜스 길이가 약 100m

빵을 원자라고 가정한다면 원자핵은 투수 마운드 위에 놓인 유리구슬과 비슷한 크기인 셈이다.

③ 전자구름의 성질

그럼에도 원자 질량의 99.9% 이상은 원자핵이 차지하고 있다. 다시 말해 전자구름은 부피는 크지만 허공에 떠 있는 구름 같은 존재인 것이다. 그럼에도 원자의 성질이나 반응성을 결정하는 것은 원자핵이 아니라 전자다. 왜냐하면 원자의 바깥쪽에 있는 것이 전자구름이기 때문이다. 다른 사람을 봤을 때 우리 눈에는 그 사람이 가장 밖에 입고 있는 옷이 보인다. 사람의 알몸, 원자로 치면 원자핵을 볼 기회는 별로 없다. 말하자면 가장 바깥에 있는 전자구름이 원자의 옷인 셈이다. 원자가 다른 원자와 반응을 일으킬 때도 가장 먼저 접촉하는 것은 각각의 바깥쪽에 있는 전자구름이다.

결국 화학반응은 전자구름이 일으키는 현상이다. 그러므로 화학은 전자구름을 연구하는 과학이라고 할 수 있다.

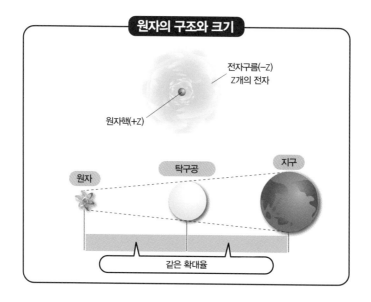

원자의 구조와 크기

전자구름(−Z)
Z개의 전자

원자핵(+Z)

원자   탁구공   지구

같은 확대율

원자 번호를 결정하는 것

원자는 원자핵과 전자라는 2종류의 입자로 이루어져 있었다. 거기서 원자핵은 또다시 2가지 입자로 나뉜다.

① 양성자와 중성자

원자핵을 이루는 입자를 핵자라고 한다. 핵자는 양성자 p와 중성자 n으로 이루어져 있다. 여기서 p는 proton, n은 neutron의 약자이다. 양성자와 중성자는 무게가 거의 같은 입자로 질량수를 계산할 때 각각 1로 둔다. 그러나 무게와 다르게 1개의 양성자는 +1의 전하를 띠지만 중성자는 전하를 띠지 않고 전기적으로 중성이다.

② 원자 번호와 질량수

원자핵을 구성하는 양성자의 개수를 원자 번호라고 하며 기호 Z로 표현한다. 즉 원자 번호 Z인 원자의 원자핵에는 Z개의 양성자가 존재하며 그 전하는 +Z가 되는 것이다. 앞에서 언급했듯이 이 원자에는 Z개의 전자로 구성되는 전자구름도 함께 존재한다. 이 전자구름의 전하는 −Z이므로 결국 원자 번호 Z인 원자는 전기적으로 중성이다.

앞에서 살펴봤듯이 원자의 성질·반응성은 전자가 결정한다. 그렇기 때문에 전자의 개수 Z는 원자의 성질이나 반응성을 결정하는 중요한 변수가 된다.

한편 원자핵을 구성하는 양성자와 중성자 개수의 합을 질량수라고 하며 기호 A로 표시한다. A, Z는 각각 원소 기호의 왼쪽 위, 왼쪽 아래에 첨자로 표기하기로 약속되어 있다. 따라서 원자핵을 구성하는 중성자의 개수는 A-Z로 계산하면 된다.

③ 핵결합 에너지

핵자끼리 결합해서 하나의 원자핵을 만들 때 방출되는 에너지를 핵결합
에너지라고 한다. 그 크기와 질량수의 관계를 오른쪽 그래프로 나타냈다. 그
래프의 아래쪽으로 갈수록 결합에너지의 절댓값이 크고 안정적인 것이다.

그래프를 보면 질량수 60, 즉 원자 번호가 60인 철 Fe류가 가장 안정적이
라는 사실을 알 수 있다. 그러므로 철보다 작은 원자핵은 핵융합을 통해 질
량수가 커지면 불안정한 만큼 여분의 에너지를 방출하게 된다. 이를 핵융합
에너지라고 한다. 하지만 철보다 큰 원자핵은 융합해도 에너지가 나오지 않
는다. 이것이 앞서 이야기했던 항성에서 만들어지는 원자가 철까지인 이유
이다.

반면 우라늄 U 같은 큰 원자핵은 분열해서 질량수가 작아질 때 에너지를
방출한다. 이 에너지가 핵분열 에너지이며 이런 핵분열이 가능한 원자들이
원자로의 연료가 된다.

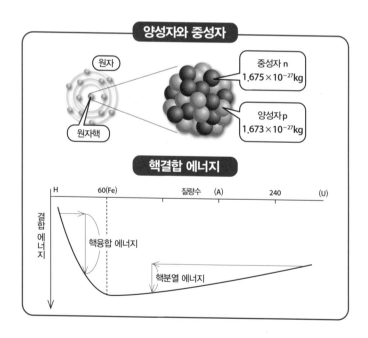

동위 원소란?

① 동위 원소

원자들 중에서 양성자 수 Z는 같지만 중성자 수가 다른 원자가 있다. 이들을 서로 동위 원소라고 부른다.

모든 원자에는 동위 원소가 존재한다. 수소에는 3종류의 동위 원소 ^{1}H(H: (경)수소), ^{2}H(D: 중수소), ^{3}H(T: 삼중수소)가 있다. 우라늄 U에는 원자로의 연료가 되는 ^{235}U와 연료가 되지 못하는 ^{238}U 등이 존재한다.

천연 원소에 함유되는 동위 원소의 비율을 동위 원소 존재도라고 하고 주로 % 농도로 나타낸다. 같은 원소라도 산지에 따라 그 비율이 다르다. 그래서 동위 원소 존재도를 조사하면 그 원소가 어디에서 생산된 것인지 알아낼 수 있다.

② 동위 원소와 원소

동위 원소의 차이는 원자핵 안에 있는 중성자 수의 차이이기 때문에 전자의 개수나 전자구름은 모두 같다. 이는 동위 원소들의 화학적 성질이나 반응성이 완전히 같다는 의미이다. 그러므로 ^{1}H도 ^{2}H도 ^{3}H도 똑같은 반응을 통해 물 H_2O를 만든다. ^1H_2O((경)수)와 ^2H_2O(중수)의 화학적 성질은 같으며 차이점은 무게에 따른 운동능력뿐이다. 중수와 경수를 분리하는 일은 매우 어렵다.

동위 원소를 이해하고 나면 1-2에서 살펴본 원소와 원자의 차이가 더욱 명확해진다. 원소는 원자 번호가 같은 원자를 의미하고, 원자는 질량수가 다른 개별 입자를 말하는 것이다.

③ 원자량

원자의 무게를 나타내는 지표를 원자량이라고 한다. 원자량을 결정하는 방법은 복잡하다. 먼저 탄소의 동위 원소 ^{12}C의 상대 질량을 12라고 정의한다. 그리고 이 값과 비교해서 각 동위 원소의 상대 질량을 정한다. 수소의 동위 원소들을 예로 든다면 ^{1}H의 상대 질량은 1, ^{2}H의 상대 질량은 2, ^{3}H의 상대 질량은 3이 되는 것이다. 마지막으로 동위 원소 존재도를 바탕으로 이 상대 질량들의 가중치 평균을 구한다. 그에 따라 ^{1}H가 99.8%를 차지하는 수소의 원자량은 ^{1}H의 질량수와 거의 같은 1.008이 된다. 반면 2종류의 동위 원소 ^{79}Br와 ^{81}Br이 거의 1:1로 존재하는 브롬의 원자량은 두 상대 질량의 중간에 가까운 79.90이 된다.

원자량은 이런 방식으로 정해지기 때문에 원자의 동위 원소 존재도가 변화하면 원자량도 변한다. 실제로 달의 헬륨 He에는 지구에는 그리 많지 않은 ^{3}He이 많다고 알려져 있어서 달의 헬륨 원자량은 지구상에서의 값보다 작아진다.

원소 기호의 표현법

질량수=양성자 수+중성자 수

$$^{A}_{Z}W$$

원자 번호=양성자 수

동위 원소의 예시

	수소			탄소			산소		염소		브롬	
기호	^{1}H (H)	^{2}H (D)	^{3}H (T)	^{12}C	^{13}C	^{14}C	^{16}O	^{18}O	^{35}Cl	^{37}Cl	^{79}Br	^{81}Br
양성자 수	1	1	1	6	6	6	8	8	17	17	35	35
중성자 수	0	1	2	6	7	8	8	10	18	20	44	46
존재도(%)	99.98	0.015	극히 미량	98.90	1.10	극히 미량	99.76	0.20	75.76	24.24	50.69	49.31
원자량	1.008			12.01			16.00		35.45		79.90	

아보가드로수란?

연필의 단위는 다스이다. 1다스는 12자루의 연필로 구성된다. 이처럼 원자에도 몰이라는 단위가 있다. 1몰은 6×10^{23}개의 원자로 이루어진다.

① 아보가드로수

1–3에서 봤듯이 원자는 매우 작고 무게 또한 아주 가볍다. 원자 1개의 무게를 잴 수 있는 저울은 존재하지 않는다. 그래서 원자의 무게를 재려면 많은 원자를 한꺼번에 재는 수밖에 없다. 수억 개, 수조 개를 한꺼번에 재면 1g이 될지도 모른다. 그리고 더욱 더 많이 모아서 재면 원자량에 그대로 g 단위를 붙인 무게도 될 수 있을 것이다.

이렇게 전체의 무게가 원자량g이 되는 원자의 개수를 아보가드로수라고 한다. 즉 어떤 원자라도 아보가드로수만큼 모이면 해당 집단의 무게 수치는 원자량과 같아지는 것이다. 이 집단이 바로 1몰이다. 연필로 말하자면 몰은 다스이며, 아보가드로수는 12에 해당한다.

② 농도와 총량

물 H_2O의 분자량은 18이다. 한 컵의 물은 약 180g이고 10몰이기 때문에 그 안에 물 분자는 6×10^{24}개가 있다. 이 한 컵의 물 분자를 붉은색으로 물들인다고 가정하자. 그 물을 부산항에 버리면 붉은색 물 분자는 태평양으로 퍼질 뿐 아니라 구름이 되고 비가 되어 전 세계로 퍼질 것이다. 수 억 년쯤 후 붉은색 물 분자가 전 세계의 물에 균등하게 섞였을 때 다시 부산항의 물을 한 컵 뜬다고 생각해보자.

과연 이 컵 안에 붉은색 물 분자는 존재할까?

정답은 '그렇다'이다. 그것도 1,000개 넘게 함유되어 있다. 아보가드로수란 이렇게 큰 숫자이다.

환경문제를 이야기할 때 자주 등장하는 농도 단위로 ppm과 ppb가 있다. ppm은 parts/million으로 100만분의 1이며 인구 약 100만 명의 울산광역시에 특이한 사람이 1명 있다고 가정할 때의 비율이다. ppb는 parts/billion으로 10억분의 1, 즉 10^{-9}이며 인구 11억 명의 인도 전역에 특이한 사람이 1명 있다고 가정한다면 그 비율이 1ppb이다. 다시 말해 둘 다 매우 옅은 농도인 셈이다.

그런데 물 한 컵에 조금 다른 물 분자가 1ppb 섞여 있다면 그 개수는 몇 개일까? $6 \times 10^{24} \times 10^{-9} = 6 \times 10^{15}$개로 무려 6천조 개가 된다. 농도로만 보면 낮지만 개수로 따지면 엄청난 양이 되는 것이다. 이것이 환경오염 분야에서 말하는 농도 규제와 총량 규제의 차이이다.

원자핵 반응이란?

원자가 반응을 일으켜 분자가 되고 분자가 반응해서 또 다른 분자가 되듯이 원자핵도 반응을 일으킨다. 그것이 원자핵 반응이다.

① 원자핵 붕괴

큰 원자핵이 작은 입자나 에너지를 방출해 작은 원자핵이 되는 반응을 원자핵 붕괴라고 한다. 이때 방출되는 입자나 에너지가 방사선이다. 방사선에는 몇 가지 종류가 있는데 주요 방사선의 종류는 다음과 같다.

α선 : 빠른 속도로 이동하는 ^4_2He 원자핵의 흐름

β선 : 빠른 속도로 이동하는 전자 e의 흐름

γ선 : X선과 비슷한 고에너지의 전자기파

중성자선 : 빠른 속도로 이동하는 중성자의 흐름

모든 방사선은 고에너지이며 생명체에 매우 위험하다. 원자핵이 붕괴해서 방사선을 방출하는 물질을 방사성 물질, 방사선을 방출하는 성질을 방사능이라고 한다.

원자 A가 붕괴하면 그 질량은 감소한다. A의 질량이 처음의 절반 수준이 되기까지 걸리는 시간을 반감기 t라고 한다. 반감기의 2배, 즉 2t의 시간이 지나면 A의 양은 $(\frac{1}{2})^2 = \frac{1}{4}$ 이 되어서 절반의 절반이 된다.

② 원자핵 융합

작은 원자핵이 2개 융합해서 커다란 원자핵이 되는 반응을 원자핵 융합, 그때 나오는 에너지를 핵융합 에너지라고 한다. 항성에서 일어나는 반응은 주로 수소 원자 H가 융합해서 헬륨 He이 되는 핵융합 반응이다.

인류는 이 반응을 이용해 핵무기의 일종인 수소폭탄을 만드는 것에는 성

공했다. 하지만 그 에너지를 생산적으로 사용하기 위한 핵융합로는 아직 실현시키지 못했다.

③ **원자핵 분열**

커다란 원자핵이 붕괴해서 여러 개의 작은 원자핵과 핵분열 에너지를 생성하는 반응을 원자핵 분열이라고 한다. 여기서 작은 원자핵에는 핵분열 생성물 및 방사선이 포함되어 있다. 원자폭탄으로 이미 너무나 유명한 반응이다. 그리고 이 반응을 평화적으로 이용해 전력으로 변환하는 것이 원자로이고 원자력 발전이다.

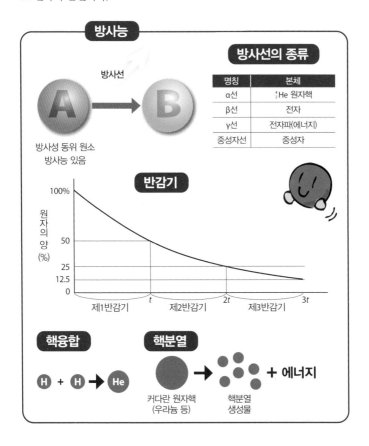

제2장

전자란 무엇인가?

	1	2	3	4	5	6	7	8	9
1	1H 수소								
2	3Li 리튬	4Be 베릴륨							
3	11Na 나트륨	12Mg 마그네슘							
4	19K 칼륨	20Ca 칼슘	21Sc 스칸듐	22Ti 타이타늄	23V 바나듐	24Cr 크로뮴	25Mn 망가니즈	26Fe 철	27Co 코발트
5	37Rb 루비듐	38Sr 스트론튬	39Y 이트륨	40Zr 지르코늄	41Nb 나이오븀	42Mo 몰리브데넘	43Tc 테크네튬	44Ru 루테늄	45Rh 로듐
6	55Cs 세슘	56Ba 바륨	란타넘족	72Hf 하프늄	73Ta 탄탈럼	74W 텅스텐	75Re 레늄	76Os 오스뮴	77Ir 이리듐
7	87Fr 프랑슘	88Ra 라듐	악티늄족	104Rf 러더포듐	105Db 두브늄	106Sg 시보귬	107Bh 보륨	108Hs 하슘	109Mt 마이트너륨

란타넘족	57La 란타넘	58Ce 세륨	59Pr 프라세오디뮴	60Nd 네오디뮴	61Pm 프로메튬	62Sm 사마륨	63Eu 유로퓸
악티늄족	89Ac 악티늄	90Th 토륨	91Pa 프로트악티늄	92U 우라늄	93Np 넵투늄	94Pu 플루토늄	95Am 아메리슘

제2장에서는 전자의 배치와 구조를 살펴보자. 원자 내에서 전자가 어떤 위치, 즉 어느 전자껍질에 존재하는지는 매우 중요하다. 그리고 그 중에서도 가장 바깥껍질에 위치한 최외각 전자가 해당 원자의 성질을 결정하게 된다. 전자껍질은 또 여러 개의 오비탈로 이루어져 있는데 그 개념을 이해하는 것 역시 중요한 요소이다.

10	11	12	13	14	15	16	17	18
								2He 헬륨
			5B 붕소	6C 탄소	7N 질소	8O 산소	9F 플루오린	10Ne 네온
			13Al 알루미늄	14Si 규소	15P 인	16S 황	17Cl 염소	18Ar 아르곤
28Ni 니켈	29Cu 구리	30Zn 아연	31Ga 갈륨	32Ge 저마늄	33As 비소	34Se 셀레늄	35Br 브로민	36Kr 크립톤
46Pd 팔라듐	47Ag 은	48Cd 카드뮴	49In 인듐	50Sn 주석	51Sb 안티모니	52Te 텔루륨	53I 아이오딘	54Xe 제논
78Pt 백금	79Au 금	80Hg 수은	81Tl 탈륨	82Pb 납	83Bi 비스무트	84Po 폴로늄	85At 아스타틴	86Rn 라돈
110Ds 다름슈타튬	111Rg 뢴트게늄	112Cn 코페르니슘	113Nh 니호늄	114Fl 플레로븀	115Mc 모스코븀	116Lv 리버모륨	117Ts 테네신	118Og 오가네손

64Gd 가돌리늄	65Tb 터븀	66Dy 디스프로슘	67Ho 홀뮴	68Er 어븀	69Tm 툴륨	70Yb 이터븀	71Lu 루테튬
96Cm 퀴륨	97Bk 버클륨	98Cf 캘리포늄	99Es 아인슈타이늄	100Fm 페르뮴	101Md 멘델레븀	102No 노벨륨	103Lr 로렌슘

전자는 전자껍질에 존재

원자는 원자핵과 전자구름으로 구성된다. 그리고 전자구름은 많은 전자로 이루어져 있다. 이 전자들이 원자핵 주변에 아무렇게나 모여 있는 것은 아니고 나름대로 정해진 자리가 있다.

① 전자껍질

원자 내에 전자가 있는 곳을 전자껍질이라고 한다. 전자껍질은 구 형태이고 여러 개가 층층이 쌓여 있으며 각각의 전자껍질에는 이름이 붙어 있다. 원자핵에 가까운 가장 안쪽부터 순서대로 K 껍질, L 껍질, M 껍질과 같은 식으로 알파벳 K부터 순서대로 이름이 붙는다.

이는 가장 먼저 K 껍질을 발견한 사람에게 그것이 가장 안쪽에 있는 전자껍질이라는 확신이 없었기 때문이다. 그는 훗날 더 안쪽에 있는 전자껍질이 발견될 가능성을 생각해 알파벳 전반부를 남겨놓았다고 한다.

전자는 전자껍질에 들어있다고 하지만 아무 전자껍질에나 자유롭게 들어갈 수 있는 것은 아니다. 각각의 전자껍질에는 정원이 있기 때문이다. 정원은 K 껍질에는 2개, L 껍질에는 8개, M 껍질에는 18개, N 껍질에는 32개 등으로 정해져 있다.

② 양자수

전자껍질의 정원을 살펴보면 간단한 규칙이 보인다. n을 양의 정수라고 할 때 정원수는 $2n^2$개가 되는 것이다.

여기서 양의 정수 n을 양자수라고 한다. 따라서 각 전자껍질의 양자수는 K 껍질=1, L 껍질=2, M 껍질=3, N 껍질=4 등이 된다.

앞으로 배울 내용에서 양자수는 주기율표의 주기를 나타내는 중요한 값이라는 점을 알게 될 것이다. 여기서 나온 양자수 n은 주양자수라고 불리며 양자수에는 그 외에도 방위 양자수 l, 자기 양자수 m, 스핀 양자수 s 등의 몇 종류가 있다. 다음 장에서는 양자수가 무엇을 의미하는지 알아보자.

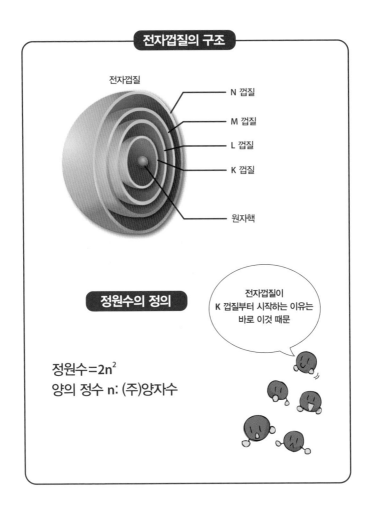

전자껍질의 구조

전자껍질

N 껍질

M 껍질

L 껍질

K 껍질

원자핵

정원수의 정의

전자껍질이 K 껍질부터 시작하는 이유는 바로 이것 때문

정원수=$2n^2$
양의 정수 n: (주)양자수

양자수가 전자의 성질을 결정

우리가 사는 세계는 뉴턴 역학으로 이해할 수 있다. 하지만 원자나 전자와 같은 작은 입자의 세계에는 그런 거시적인 체계를 적용할 수 없다. 양자 역학과 같은 미시적인 학문이어야 가능하다. 양자 역학을 화학에 응용한 이론을 양자 화학이라고 한다.

① 양자화

양자 화학에서 가장 중요한 개념은 양자화이다. 양자화란 양이 단위화되어있음을 말한다. 예를 들어보겠다.

수돗물은 얼마든지 원하는 만큼 마실 수 있다. 333mL를 마시든 1,428mL를 마시든 상관없다. 이러한 양을 연속량이라고 한다. 그러나 시판 생수는 다르다. 예를 들어 1L짜리 페트병인 생수를 산다고 가정해보자. 333mL만 필요할지라도 반드시 1병, 즉 1L를 사야만 한다. 만약 1,428mL가 필요하다면 생수 2병인 2L를 사야 원하는 양을 다 마실 수 있다. 이 같은 양을 양자화된 양이라고 표현한다.

② 양자화와 양자수

원자, 분자의 세계에서는 에너지를 비롯한 모든 양이 양자화 되어 있다. 자동차의 속도가 $10n^2$km/h로 양자화 되어 있다고 가정해보자. 멈춰있던 자동차가 움직이면 속도는 갑자기 10km/h가 된다. 액셀을 밟으면 순식간에 40km/h까지 올라간다. 조금 더 빨리 가고자 하면 바로 90km/h가 되어 쫓아오는 경찰차와 경쟁을 하게 된다. 그러다 보면 160km/h로 달리게 되고 그대로 하늘나라까지 직행할지도 모른다.

이는 속도가 $10n^2$km/h로 양자화 된 결과이다. 그리고 이 n이 양자수이며 지금 예시에서 n은 0, 1, 2, 3과 같이 0을 포함한 양의 정수가 되는 것이다.

돈 역시 일종의 양자화 된 개념이다. 만의 양자수, 천의 양자수, 백의 양자수 등 각종 양자수로 돈의 양을 표현한다고 할 수 있다.

전자구름을 만드는 전자

양자 역학의 세계에서는 주위의 풍경이 흐리게 보이는 신비로운 현상이 일어난다. 이 같은 현상을 발견자의 이름을 따서 하이젠베르크의 불확정성 원리라고 한다.

① 하이젠베르크의 불확정성 원리

원자, 전자의 세계에는 신기한 법칙이 있다. "두 가지의 양을 '동시에 정확히' 결정할 수는 없다"는 것이다. 이를 하이젠베르크의 불확정성 원리라고 한다.

여기까지만 읽어서는 무슨 말인지 이해하기 힘들 테니 예시를 들어보겠다.

경주에 있는 큰 불상 앞에서 기념사진을 찍는다고 가정해보자. 먼저 할아버지가 아끼시던 옛날 카메라로 찍으면 대불도 인물도 적당히 잘 나오긴 하겠지만 전체적으로 흐릴 것이다. 그렇다면 이번엔 높은 화소의 디지털카메라로 찍은 사진을 생각해 보자. 인물에게 초점을 맞추면 깎다 만 수염까지 뚜렷하게 보이겠지만 대불은 대불인지 산인지 구별하기가 어려울 것이다. 반대로 대불에 초점을 맞추면 인물은 흐리게 나올 것이 분명하다.

할아버지의 카메라가 뉴턴 역학이며 디지털카메라가 양자 역학인 셈이다. 디지털카메라는 대불과 인물 중 한쪽은 선명하게 찍을 수 있지만 양쪽을 동시에 또렷한 상으로 담을 수는 없다. 어느 한쪽은 매우 정확하게 표현할 수 있지만 대신 다른 한쪽은 불명확해지는 것이다.

② 전자의 위치

하이젠베르크의 불확정성 원리를 전자의 움직임에 적용하면 흥미로운 사실이 보인다.

전자는 일정한 에너지를 지니고 있다. 이 '에너지'와 전자가 있는 '위치'가 '동시에 정확히' 결정할 수 없는 두 가지의 양이 된다. 에너지를 정확하게 결정하려고 하면 위치가 모호해진다. 이 '모호한 위치'가 바로 전자구름의 개념이다.

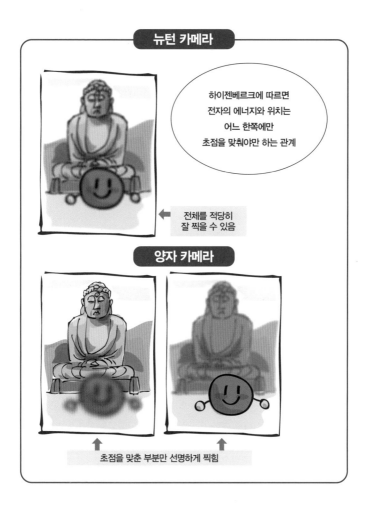

오비탈로 나뉘어 있는 전자껍질

앞서 전자는 전자껍질에 들어있다고 설명했는데 사실 전자껍질은 오비탈[4]로 나뉘어 있다. 그러므로 결국 전자는 오비탈에 들어가 있는 셈이다.

① 전자껍질

전자껍질과 오비탈의 관계는 호텔의 각 층과 객실의 관계에 빗댈 수 있다.

전자껍질은 호텔의 층에 해당한다. K 껍질은 1층, L 껍질은 2층, M 껍질은 3층과 같은 식으로 전자껍질의 양자수는 층을 나타낸다. 층이 높아질수록 위치 에너지도 높아진다. 이것이 곧 전자껍질의 에너지가 된다. 그에 따라 K 껍질이 에너지가 가장 적고 가장 안정적인 전자껍질이며 L 껍질, M 껍질 등 위층으로 갈수록 에너지가 커지고 불안정한 전자껍질이다.

② 오비탈

각 층에는 객실, 즉 오비탈이 있는데 이 객실에도 종류가 있다. s 오비탈, p 오비탈, d 오비탈, f 오비탈 등이다. s 오비탈은 1실이지만 p 오비탈은 3실이 세트이며 d 오비탈과 f 오비탈은 각각 5실, 7실이 세트다.

각 층에 있는 객실의 종류와 개수는 정해져 있다. K 껍질에는 s 오비탈이 1개만 존재한다. L 껍질에는 1개의 s 오비탈과 3개의 p 오비탈이 있다. M 껍질에는 1개의 s 오비탈과 3개의 p 오비탈, 5개의 d 오비탈이 존재하게 된다. 그리고 같은 전자껍질의 오비탈이라면 s 오비탈 〈 p 오비탈 〈 d 오비탈 순으로 에너지가 높아진다. 이러한 관계를 오른쪽 아래의 그래프로 나타냈다.

각 오비탈이 어느 층에 속한 오비탈인지 알 수 있도록 층마다 양자수를 세어서 부르기로 했다. 예를 들면 K 껍질에 있는 s 오비탈은 1s 오비탈, L 껍

---

4 궤도 함수라고도 한다.

질에 있는 p 오비탈은 2p 오비탈 등이다.

하나의 오비탈에는 2개의 전자가 들어갈 수 있다. 따라서 오비탈의 정원을 모두 더한 전자껍질의 정원은 **2-1**에서 본 것과 같다.

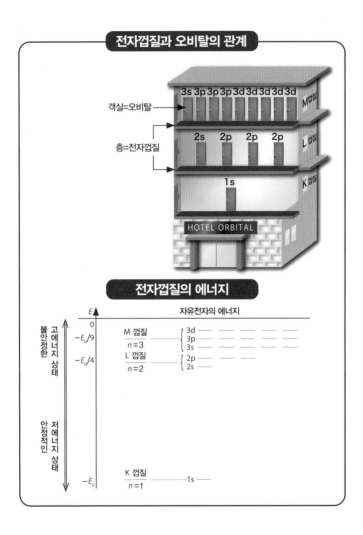

전자껍질과 오비탈의 관계

3s 3p 3p 3p 3d 3d 3d 3d 3d   M껍질

객실=오비탈

2s   2p   2p   2p   L껍질

층=전자껍질

1s   K껍질

HOTEL ORBITAL

전자껍질의 에너지

E 자유전자의 에너지

고에너지상태 불안정한

0

$-E_0/9$ M 껍질 $n=3$ { 3d / 3p / 3s

$-E_0/4$ L 껍질 $n=2$ { 2p / 2s

저에너지상태 안정적인

K 껍질 $n=1$ 1s

$-E_0$

재미있는 형태를 띠는 오비탈

오비탈에 진입한 전자는 해당 오비탈 특유의 전자구름 형태를 띠게 된다. 그 모습을 오비탈의 형태라고 표현한다.

① s 오비탈의 형태

1s 오비탈은 기본적으로 공처럼 동그란 경단처럼 생겼다. 경단의 단면은 오른쪽 그림 같은 모양이며 경단의 경계는 공간에 녹아 있어서 구분이 어렵다. 하지만 존재확률이 높아 구름의 밀도가 높은 곳은 있어서 해당 부분을 오비탈의 반지름으로 정의한다.

2s 오비탈도 외관은 동그란 경단 같은 모습이지만 단면도에 층이 있어 전자구름이 없는 곳이 있다. 이처럼 전자구름이 없는 곳을 일반적으로 마디라고 한다. 마디는 전자껍질의 양자수를 n이라고 하면 n−1개만큼 존재한다. 따라서 n=1인 1s 오비탈에 마디는 존재하지 않는다.

② p 오비탈의 형태

오른쪽 그림은 2p 오비탈의 형태이다. 2개의 경단을 꼬치에 꽂아 놓은 모양과 비슷하다. p_x, p_y, p_z로 총 3개가 있는데 형태는 모두 같으며 꼬치에 꽂힌 방향만 다르다. 그러나 방향만 다르다 할지라도 이 3개의 오비탈은 완전히 다른 오비탈이다.

2p 오비탈은 n=2인 L 껍질의 오비탈이므로 마디가 한 개 있다. 이 마디는 원자핵 위치에 존재한다.

③ d 오비탈의 형태

3d 오비탈은 5개로 모두 에너지가 같다.

5개의 오비탈 중 4개는 네잎 클로버 같은 형태이다. $d_{x^2-y^2}$나 d처럼 첨자가 좌표축의 2제곱인 오비탈은 클로버 잎이 좌표축 위에 있다. 그에 비해 d_{xy} 등에서는 잎이 좌표 평면에 위치한다. 마디는 점선으로 나타낸 것과 같은 형태로 어느 오비탈에나 2개씩 있다.

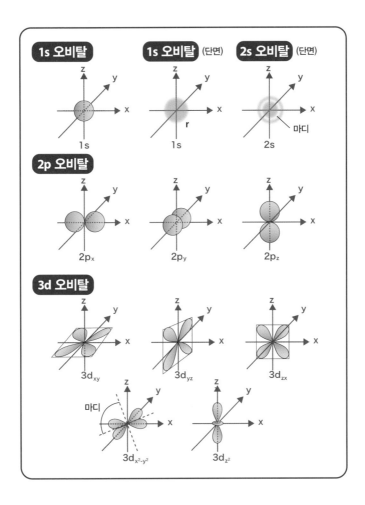

오비탈에 들어가기 위한 약속

전자껍질에 들어간 전자는 또다시 오비탈로 나뉘어 들어간다. 다만 오비탈에 들어가기 위해서는 지켜야만 하는 약속이 있다.

① 스핀

전자가 오비탈에 들어가기 위해 지켜야 하는 약속은 '훈트의 원리'와 '파울의 원리'라고 불리는 두 가지 과학적 원리이다. 여기서는 아파트 입실 규칙처럼 풀어서 설명하겠다.

일단 그 전에 전자의 자전부터 살펴보자. 전자는 자전하고 있으며 이를 스핀이라고 한다. 회전 방향은 우회전과 좌회전의 두 가지 방향이다. 화학에서는 이를 상하 두 방향의 화살표로 나타낸다. 다만 화살표의 방향과 회전 방향은 아무런 관계가 없다.

② 입실 규칙

전자의 입실 규칙은 다음과 같다.

① 에너지가 낮은 오비탈부터 순서대로 들어간다.

에너지는 **2–4**에서 봤듯이 1s〈2s〈2p〈3s〈3p……의 순서로 높아진다. 하지만 이 이상이 되면 **2–4**의 그림처럼 단순하지만은 않다. 이것에 대해서는 나중에 더 자세히 살펴보기로 하자.

② 1개 오비탈에 2개의 전자가 들어갈 때는 스핀 방향을 서로 반대로 해야 한다.

③ 1개의 오비탈에는 최대 2개의 전자가 들어갈 수 있다.

2–4에서 본 오비탈의 정원과 같은 이야기이다.

오비탈에 스핀 방향을 서로 반대로 해서 들어간 2개의 전자의 조합을 전자쌍이라고 한다. 그에 비해 오비탈에 1개만 들어가 있는 전자를 홀전자라고 한다.

④ 오비탈 에너지가 동등할 때에는 스핀 방향을 같은 쪽으로 하는 편이 안정적이다.

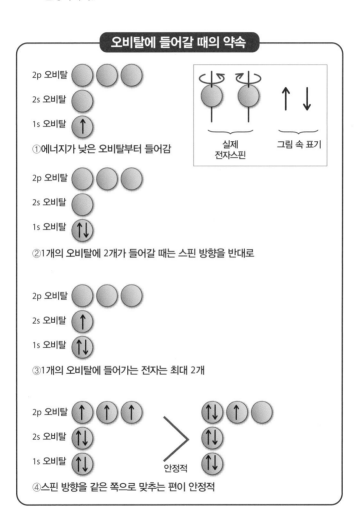

K 껍질과 L 껍질의 전자 배치

오비탈에 어떤 형태로 전자가 들어가 있는지를 나타낸 것을 전자 배치라고 한다. 입실 규칙을 알게 되었으니 이제 각 원자의 전자 배치를 살펴볼 차례이다. 원자 번호 순으로 알아보자.

① K 껍질의 전자 배치

- **수소 H** : 최초의 전자는 2-6의 규칙 ①에 따라 가장 에너지가 낮은 1s 오비탈에 들어간다. 즉 이 전자는 홀전자가 된다.

- **헬륨 He** : 2개째 전자는 ①, ③에 따라 1s 오비탈에 들어가는데 ②에 따라 스핀을 반대로 해서 전자쌍이 된다. 이처럼 전자가 들어가 정원이 가득 찬 전자껍질을 폐각 혹은 채워진 껍질이라고 하며 특별한 안정성을 가진다.

② L 껍질의 전자 배치

- **리튬 Li** : ③에 따라 1s 오비탈이 가득 찼으므로 3개째 전자는 ①에 따라 1s 오비탈 다음으로 에너지가 낮은 2s 오비탈에 들어간다.

- **베릴륨 Be** : 4개째 전자는 2s 오비탈에서 전자쌍이 된다.

- **붕소 B** : 5개째 전자는 2p 오비탈에 들어간다.

- **탄소 C** : 전자가 들어갈 수 있는 방법에는 그림의 C-1, C-2, C-3처럼 3가지가 있다. 3개의 2p 오비탈은 에너지가 모두 동등해서 3가지의 전자 배치 역시 오비탈 에너지가 모두 같다. 여기서 규칙 ④가 적용되어 2개의 2p 오비탈 전자가 같은 방향으로 향한 C-1이 가장 안정적이다. 이처럼 안정된 전자 배치를 가진 상태를 바닥 상태라고 한다. 그에 비해 C-2, C-3처럼 에너지가 높은 상태는 들뜬 상태이다.

- 질소 **N** : 스핀을 같은 방향으로 하기 위해 3개의 p 오비탈에 전자가 1 개씩 들어간다. 그래서 3개의 홀전자가 생긴다.
- 산소 **O** : p 오비탈에 전자쌍이 하나 생기고 홀전자가 2개가 된다.
- 플루오린 **F** : 전자쌍이 두 개가 되며 홀전자는 1개밖에 남지 않았다.
- 네온 **Ne** : L 껍질에 8개의 전자가 들어가 폐각 상태가 된다. 이처럼 1 개의 전자껍질에 8개의 전자가 들어간 구조는 특별하게 안정적인 상 태라고 여겨진다. 이것을 여덟 전자 규칙(octet rule)이라고 한다.

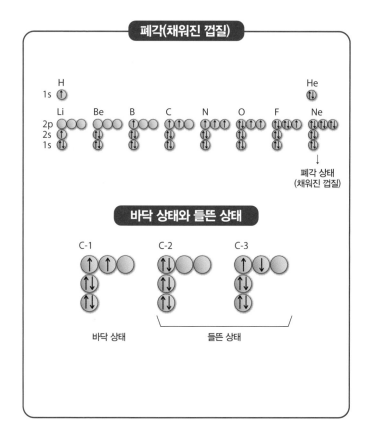

최외각 전자가 원자의 성질을 결정

M 껍질의 전자 배치도 K 껍질, L 껍질과 마찬가지이다.

① M 껍질의 전자 배치

- **나트륨 Na :** 3s 오비탈에 홀전자가 생긴다.
- **마그네슘 Mg :** 3s 오비탈에 전자쌍이 생긴다.
- **알루미늄 Al :** 3p 오비탈에 홀전자가 생긴다.
- **규소 Si :** 탄소와 마찬가지로 2개의 홀전자가 생긴다.
- **인 P :** 홀전자가 3개로 늘어난다.
- **황 S :** 전자쌍 하나가 생기며 홀전자가 2개로 줄어든다.
- **염소 Cl :** 전자쌍 두 개에 홀전자가 1개가 된다.
- **아르곤 Ar :** M 껍질이 만석이 되어 폐각 상태가 된다.

M 껍질에는 3d 오비탈이 있지만 진입 방법이 다소 복잡해서 그것이 바로 전이 원소 탄생의 열쇠가 된다. 그러니 3d 오비탈에 대해서는 전이 원소를 다루는 부분에서 다시 살펴보기로 하자.

② 최외각 전자와 원자가 전자

전자가 들어 있는 전자껍질 중 가장 바깥에 있는 전자껍질을 가장 바깥 껍질 혹은 최외각이라고 한다. 그리고 그 안에 들어 있는 전자를 최외각 전자라고 부른다. 원자를 관찰했을 때 관찰자에게 보이는 것은 원자의 가장 바깥쪽이기 때문에 최외각 전자가 바로 보인다. 이 말은 원자의 특징 및 성질은 주로 최외각 전자로 결정된다는 의미이다.

또한 2개의 원자가 충돌할 때 직접 부딪히는 것도 서로의 최외각 전자이다. 원자의 충돌은 원자의 반응을 의미한다. 따라서 반응을 일으키는 것도 최외각 전자가 된다.

　이처럼 원자의 성질 및 반응성은 최외각 전자로 결정된다. 뒤에서 다시 살펴보겠지만, 원자가 이온이 될 때 몇 가의 이온이 되는지도 최외각 전자의 개수로부터 정해진다. 그래서 최외각 전자를 원자가 전자라고도 한다.

　이렇게 최외각 전자가 원자가 전자가 되는 원소를 일반적으로 전형 원소라고 한다.

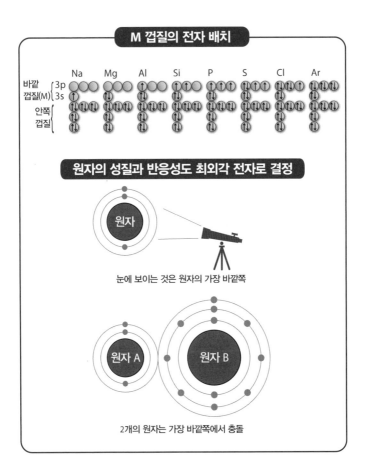

M 껍질의 전자 배치

바깥 껍질(M)
안쪽 껍질

원자의 성질과 반응성도 최외각 전자로 결정

눈에 보이는 것은 원자의 가장 바깥쪽

2개의 원자는 가장 바깥쪽에서 충돌

제3장

주기율표에서 알 수 있는 것들

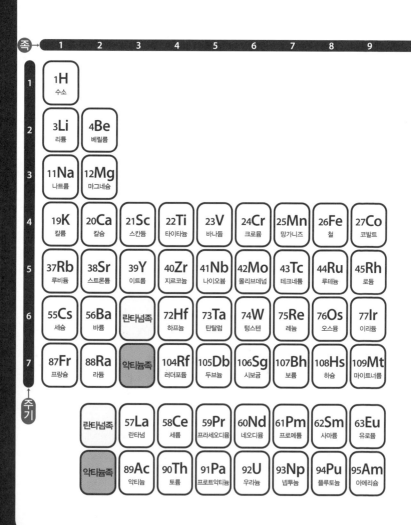

제3장에서는 드디어 주기율표가 어떤 약속에 근거해서 나열되어 있는지를 살펴본다. 족·주기·따로 떨어져 있는 그룹, 그 각각이 어떤 공통된 특징을 가졌는지가 새로운 각도에서 보일 것이다.

10	11	12	13	14	15	16	17	18
								2He 헬륨
			5B 붕소	6C 탄소	7N 질소	8O 산소	9F 플루오린	10Ne 네온
			13Al 알루미늄	14Si 규소	15P 인	16S 황	17Cl 염소	18Ar 아르곤
28Ni 니켈	29Cu 구리	30Zn 아연	31Ga 갈륨	32Ge 저마늄	33As 비소	34Se 셀레늄	35Br 브로민	36Kr 크립톤
46Pd 팔라듐	47Ag 은	48Cd 카드뮴	49In 인듐	50Sn 주석	51Sb 안티모니	52Te 텔루륨	53I 아이오딘	54Xe 제논
78Pt 백금	79Au 금	80Hg 수은	81Tl 탈륨	82Pb 납	83Bi 비스무트	84Po 폴로늄	85At 아스타틴	86Rn 라돈
110Ds 다름슈타튬	111Rg 뢴트게늄	112Cn 코페르니슘	113Nh 니호늄	114Fl 플레로븀	115Mc 모스코븀	116Lv 리버모륨	117Ts 테네신	118Og 오가네손

64Gd 가돌리늄	65Tb 터븀	66Dy 디스프로슘	67Ho 홀뮴	68Er 어븀	69Tm 툴륨	70Yb 이터븀	71Lu 루테튬
96Cm 퀴륨	97Bk 버클륨	98Cf 캘리포늄	99Es 아인슈타이늄	100Fm 페르뮴	101Md 멘델레븀	102No 노벨륨	103Lr 로렌슘

주기율표는 원소의 달력

제2장까지 보면서 주기율표와 마주할 준비를 마쳤다. 이제 가장 중요한 주기율표를 살펴볼 것이다. 먼저 주기율표란 무엇인지, 주기율표와 원소는 어떤 관계인지를 알아보자.

① 원소의 종류

원소는 지금까지 118종류가 발견되었다. 전체 원소 중 지구상에 안정적으로 존재하는 원소는 원자 번호 1번인 수소 H부터 92번인 우라늄 U까지이다. 하지만 43번 테크네튬 Tc은 전체 동위 원소가 불안정해서 약 46억 년에 이르는 지구의 시간을 거치면서 거의 소멸했다. 그래서 실제로 존재하는 원소는 91종류이다. 원자 번호 93번부터의 원소는 몇몇 예외를 제외하면 인류가 원자로 등에서 만들어낸 것으로 초우라늄 원소라고 불린다.

② 원소와 주기율표

주기율표는 원소를 원자 번호 순으로 나열하고 적절한 부분에서 줄을 바꾼 표이다. 마음대로 정한 것은 아니고 줄을 바꾸는 방법에 따라서 몇 가지 종류가 있다. 머리가 복잡해지지 않도록 해당 내용은 3-7에서 제대로 이야기하겠지만 사실 주기율표에는 여러 가지 종류가 있다. 다만 이 책에서 다루는 주기율표는 장주기형 주기율표로 여러 가지의 주기율표 중 한 종류에 불과하다는 점을 알아두어야 한다. 실제로 저자가 고등학교 시절 배웠던 주기율표는 단주기형 주기율표이며 1족부터 8족까지밖에 없는 가로가 짧은 형태였다. 대신 각 족이 a, b인 2종류로 나뉘어 있었다.

주기율표는 이른바 원소의 달력이다. 달력은 날짜를 숫자순으로 나열하고 7일 단위로 줄을 바꿨다. 그리고 왼쪽부터 오른쪽으로 '일월화수목금토'

라는 요일을 배정했다. 달력을 보면 일요일은 날짜가 며칠이든 학교가 쉬는 행복한 날이며 밤이면 KBS1에서 열린음악회를 방영한다. 또한 월요일은 학교에 다시 가기 시작하는 활기찬 요일이다. 이렇듯 같은 요일은 날짜가 다르더라도 '같은 성격'을 지닌 날이다. 달력은 위에서부터 1주, 2주라고 부르며 긴 달은 5주, 짧은 달은 4주로 끝난다.

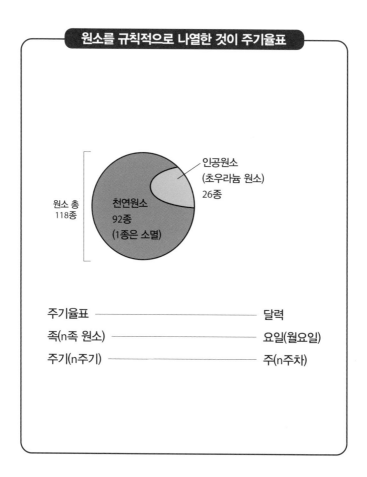

원소를 규칙적으로 나열한 것이 주기율표

인공원소
(초우라늄 원소)
26종

원소 총
118종

천연원소
92종
(1종은 소멸)

주기율표	달력
족(n족 원소)	요일(월요일)
주기(n주기)	주(n주차)

족과 주기는 주기율표의 골격

이제 실제 주기율표를 들여다보자. 상세한 주기율표는 12쪽에 나와 있지만 여기서는 오른쪽의 간이 표를 보도록 한다.

① 족

먼저 표 맨 위에 왼쪽부터 차례로 붙어 있는 숫자를 보자. 1에서 18까지 있는데 이를 족 번호라고 한다.

숫자 1 아래에 있는 수소 H부터 시작하는 원소를 1족 원소라고 부른다. 마찬가지로 숫자 2 아래에 있는 원소는 2족 원소라고 한다. 이처럼 원소는 1족 원소부터 18족 원소까지 18종으로 분류된다.

이러한 분류는 달력에 비유하면 요일에 해당한다. 모든 일요일에는 학교가 쉬는 것처럼 모든 1족 원소는 비슷한 성질을 가지며, 모든 18족 원소는 서로 공통된 성질을 가진다. 따라서 어떤 원소가 몇 족에 속하는지를 알면 해당 원소의 대략적인 성질을 유추할 수 있다. 주기율표에는 여러 가지 쓸모가 있지만 '족마다 성질이 다르다'는 점이 가장 유용하다.

② 주기

주기율표의 왼쪽 옆에는 위에서부터 순서대로 1부터 7까지의 숫자가 붙어 있다. 이를 주기 번호라고 한다. 숫자 1의 오른쪽 옆에 있는 원소는 1주기 원소라고 부르며 숫자 2의 오른쪽 옆은 2주기 원소이다. 이런 식으로 7주기 원소까지 있다.

그런데 1주기 원소는 고작 2개뿐이고, 2, 3주기 원소는 8개이지만 4주기 원소는 18개가 있다. 그뿐 아니라 6, 7주기 원소는 32개나 된다. 이처럼 주기마다 개수가 다른 이유는 나중에 설명할 것이다. 하지만 2개, 8개, 18개,

32개는 $2n^2$개이며 2-1에서 본 전자껍질의 정원수와 같다는 점은 눈여겨 봐두어야 한다.

③ 떨어져 있는 표

주기율표에는 지금까지 본 족 번호와 주기 번호가 붙어 있는 주기율표 본체 외에 그 아래로 2행으로 구성된 부록처럼 생긴 표가 더 있다. 이 표의 정체는 무엇일까?

사실 이 표는 부록이 아니다. 원래 주기율표 본체에 포함되어야 하지만 공간이 충분하지 않아서 어쩔 수 없이 따로 떨어져 있는 것이다. 란타넘족은 주기율표 본체의 6주기 3족 자리에 들어가야 하고, 악티늄족은 마찬가지로 7주기 3족 자리에 들어가야 한다. 그래서 6, 7주기의 원소는 32개씩이 되는 것이다.

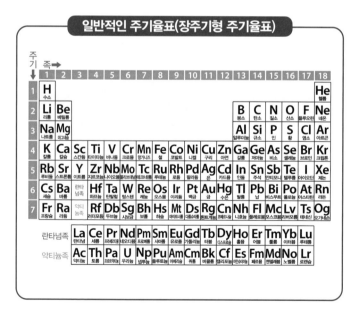

주기율표는 전자 배치의 거울

주기율표는 19세기 러시아 화학자인 멘델레예프가 원소의 성질을 연구하던 중에 실험적으로 발견한 것으로, 현재는 전자 배치를 반영해 이론적으로 설명하고 있다.

① 1, 2, 3주기

2-7에서 본 전자 배치를 떠올려보자. K 껍질을 가장 바깥 껍질로 해서 전자가 들어있던 것은 수소 H와 헬륨 He 두 개뿐이었다. K 껍질의 전자 정원이 2개이기 때문이다. 그리고 L 껍질을 가장 바깥 껍질로 하고 전자가 들어있던 것은 리튬 Li에서 네온 Ne까지의 8개 원소였다. 이는 주기율표의 2주기 구성 원소와 같다. 3주기도 마찬가지로 2-8에서 본 M 껍질을 가장 바깥 껍질로 해서 전자가 들어가는 원소와 구성이 같다. 단 여기서 3d 오비탈은 특수하므로 제외한다.

이렇게 주기 번호는 원소의 가장 바깥 껍질의 양자수와 같다. 이처럼 주기율표는 기본적으로 전자 배치를 충실히 반영하고 있다. 1주기 원소의 전자는 n=1인 K 껍질로 들어가고, 2주기 원소의 가장 바깥 껍질은 n=2인 L 껍질, 3주기 원소의 가장 바깥 껍질은 n=3인 M 껍질이라는 말이다.

② 족 번호와 원자가 전자의 수

오른쪽 그림에서 1족 원소의 전자 배치를 보자. 1족 원소는 모든 원소가 가장 바깥 껍질에 1개의 전자, 즉 1개의 원자가 전자를 가진다는 점을 알 수 있다. 그 전자는 s 오비탈에 들어있다. 2족 원소도 마찬가지이다. 모든 2족 원소는 s 오비탈에 2개의 원자가 전자를 가진다.

이는 13족 이후에도 마찬가지이다. 모든 13족 원소는 3개의 원자가 전자를 가지며, 그중 1개는 p 오비탈에 들어있다. 모든 17족 원소는 7개의 원자가 전자를 가지고 He을 제외한 모든 18족 원소는 8개의 원자가 전자를 가진다. 이렇듯 원소는 원자가 전자를 1족은 1개, 2족은 2개, 13족은 3개, He 이외의 18족은 8개 이런 식으로 족 번호의 일의 자리 숫자와 같은 개수만큼 가지고 있다. 이처럼 족 번호의 일의 자리 숫자는 원자가 전자의 개수를 나타내는 것이다.

같은 족에 속하는 원소의 유사성은 전자 배치의 유사성에서 기인한다. 쉽게 말해서 같은 족에 속하는 원소들은 모두 같은 개수의 원자가 전자를 가진다. 2-8에서 봤듯이 원자가 전자는 원자의 성질이나 반응성을 결정하기 때문에 같은 족에 속하는 원소가 서로 비슷한 성질을 갖는 것은 당연한 일이다. 그러나 사실 이러한 유사성을 갖는 것은 주기율표의 왼쪽 끝에 있는 1족, 2족과 오른쪽에 있는 13족에서 18족까지의 8족뿐이다. 이 원소들을 특히 전형 원소라고 한다.

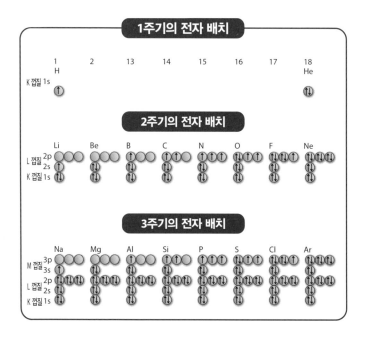

전형 원소와 전이 원소

앞에서 주기율표의 왼쪽과 오른쪽을 차지하는 전형 원소의 성질을 살펴봤다. 그렇다면 주기율표의 중앙인 3족에서 11족의 원소들은 어떤 성질을 가지고 있을까? 이들 원소는 합쳐서 전이 원소라고 부른다.

전이 원소는 족마다 고유의 성질을 가진 전형 원소에 비해 그러한 성질의 차이가 없다는 특징이 있다. 전이 원소의 '전이'는 주기율표의 왼쪽 전형 원소와 오른쪽 전형 원소 사이에 끼인 위치에 있으며 성질을 서서히 바꾼다는 의미라고 한다.

① 오비탈 에너지의 교차

전이 원소가 나타나는 이유는 오비탈 에너지의 순서가 2-4에서 본 순서와 다르기 때문이다.

오른쪽 그림은 오비탈 에너지를 세로축으로 두고 원자 번호를 가로축으로 두어 둘의 관계를 나타냈다. 원자 번호가 커지면 에너지가 전체적으로 줄어든다. 이는 원자 번호가 커지면 원자핵의 양전하, 즉 플러스의 전하가 늘어난 결과 전자와의 사이에서 정전인력이 강해져서 전자가 에너지적으로 안정화되기 때문이다.

에너지 변화를 나타내는 곡선을 보면 s 오비탈, p 오비탈의 에너지는 원자 번호의 증가에 따라 부드럽게 줄어든다. 하지만 d 오비탈의 에너지는 계단식으로 변화한다. 결과적으로 d 오비탈의 에너지 곡선은 s 오비탈, p 오비탈의 에너지 곡선과 교차하게 된다. 다시 말해 오비탈 에너지 순서의 역전이 일어나는 것이다.

② 오비탈 에너지의 순서

원자 번호 A 원소의 오비탈 에너지 순서를 살펴보자. 1s<2s<2p<3s<3d<4s< 4p 순으로 되어 있다. 그럼 원자 번호 B의 원소는 어떨까? 1s<2s<2p<3s<3p< 4s<3d<4p로 되어 있다. 3d 오비탈과 4s 오비탈의 에너지가 역전되는 것이다.

2-6에서 봤듯이 전자의 입실 규칙에 따라 ①전자는 에너지가 낮은 오비 탈부터 순서대로 들어가야 한다. 이 말은 전자는 M 껍질의 3s, 3p 오비탈에 들어간 후 같은 M 껍질의 3d 오비탈에 들어가기 전에, 한 단계 밖의 N 껍 질에 있지만 에너지가 더 적은 4s 오비탈에 들어가야 한다는 의미이다. 그 리고 4s 오비탈에 2개의 전자가 들어가고 나면 다음 전자는 다시 M 껍질의 3d 오비탈에 들어가게 된다.

이처럼 나중에 추가된 전자가 가장 바깥 껍질이 아니라 안쪽 전자껍질에 들어간다는 점이 전이 원소 탄생의 비밀이다.

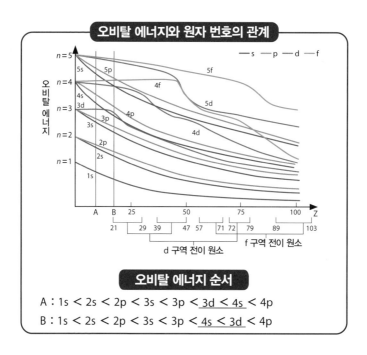

오비탈 에너지와 원자 번호의 관계

오비탈 에너지 순서

A : 1s < 2s < 2p < 3s < 3p < 3d < 4s < 4p
B : 1s < 2s < 2p < 3s < 3p < 4s < 3d < 4p

전이 원소는 와이셔츠의 변화

주기율표를 살펴보자. 4주기에서는 원자 번호 20번 칼슘 Ca까지가 전형 원소이다. 전자 배치를 보면 칼슘은 4s 오비탈에 2개의 전자를 가지고 있다.

① 전자 배치표

오른쪽 표는 원소의 전자 배치를 나타내며 각 오비탈에 들어 있는 전자의 개수를 숫자로 나타냈다. 1, 2, 3주기에서는 최외각 전자 수가 1, 2, 3과 같이 규칙적으로 증가하고 있다.

그런데 4주기를 보면 흥미로운 사실이 보인다. 원자 번호 19번 칼륨 K에서는 전자가 3d 오비탈을 건너뛰고 4s 오비탈에 들어가 있다. 그리고 칼슘은 4s 오비탈에 2개의 전자가 존재한다. 다시 말해 이 2종 원소의 가장 바깥쪽 전자껍질은 N 껍질이고 새롭게 추가된 전자는 가장 바깥쪽 껍질에 들어 있는 것이다. 그러므로 이 2종의 원소는 전형 원소라고 볼 수 있다.

그에 비해 원자 번호 21번인 스칸듐 Sc은 새로 추가된 전자가 N 껍질보다 안쪽 전자껍질인 M 껍질의 3d 오비탈에 들어가 있다. 이러한 경향은 원자 번호 30번인 아연 Zn까지 계속된다. 즉 이들 원소에서는 새로 추가된 전자가 바깥쪽이 아니라 안쪽 전자껍질로 들어가는 것이다. 그래서 스칸듐부터 구리 Cu까지의 원소를 전이 원소라고 정의한다. 다만 여기서 아연은 예외적으로 전형 원소에 포함되는 경우가 많다.

② 양복과 와이셔츠

전형 원소에서 새롭게 추가된 전자는 가장 바깥쪽 껍질에 들어간다. 따라서 외부에서 원자를 보는 사람들 눈에 전자 배치의 차이가 뚜렷하게 보인다. 마치 직장인을 봤을 때 남색 양복을 입은 사람과 회색 양복을 입은 사람을 한눈에 알아볼 수 있듯이 말이다. 이것이 전형 원소 간의 차이점이다.

반면 전이 원소에서는 새로 추가된 전자가 안쪽의 d 오비탈에 들어간다. 밖에서 원자를 보는 사람 눈에는 마치 와이셔츠의 차이와 같아서 구별하기가 어렵다. 아무리 겉모습이 아닌 성격을 봐달라고 애원해도 눈에 보이지 않으니 어려울 수밖에 없다. 이것이 전이 원소의 차이점이다.

이렇게 전이 원소는 원소 간 차이가 분명하지 않아서 족별 성질의 차이도 뚜렷하지 않다. 하지만 d 오비탈에 전자가 들어간다는 것은 원소의 새로운 반응성을 기대하게 한다.

전자 배치표

| 주기 | 원소 | K | L | | M | | | N | | 최외각 전자 |
		1s	2s	2p	3s	3p	3d	4s	4p	(원자가 전자)
1주기	1 H	1								
	2 He	2								
2주기	3 Li	2	1							1
	4 Be	2	2							2
	5 B	2	2	1						3
	6 C	2	2	2						4
	7 N	2	2	3						5
	8 O	2	2	4						6
	9 F	2	2	5						7
	10 Ne	2	2	6						8
3주기	11 Na	2	2	6	1					1
	12 Mg	2	2	6	2					2
	13 Al	2	2	6	2	1				3
	14 Si	2	2	6	2	2				4
	15 P	2	2	6	2	3				5
	16 S	2	2	6	2	4				6
	17 Cl	2	2	6	2	5				7
	18 Ar	2	2	6	2	6				8
4주기	19 K	2	2	6	2	6		1		1
	20 Ca	2	2	6	2	6		2		2
	21 Sc	2	2	6	2	6	1	2		
	22 Ti	2	2	6	2	6	2	2		
	23 V	2	2	6	2	6	3	2		
	24 Cr	2	2	6	2	6	5	1		원자가 전자를 정의할 수 없다
	25 Mn	2	2	6	2	6	5	2		
	26 Fe	2	2	6	2	6	6	2		
	27 Co	2	2	6	2	6	7	2		
	28 Ni	2	2	6	2	6	8	2		
	29 Cu	2	2	6	2	6	10	1		
	30 Zn	2	2	6	2	6	10	2		
	31 Ga	2	2	6	2	6	10	2	1	3
	32 Ge	2	2	6	2	6	10	2	2	4
	33 As	2	2	6	2	6	10	2	3	5
	34 Se	2	2	6	2	6	10	2	4	6
	35 Br	2	2	6	2	6	10	2	5	7
	36 Kr	2	2	6	2	6	10	2	6	8

전자 배치로 본 원소의 분류

전이 원소는 새롭게 추가된 전자가 가장 바깥쪽의 전자껍질에 들어가지 않고 안쪽의 전자껍질에 들어가는 원소였다. 이러한 전이 원소에도 두 가지 종류가 존재한다. 그뿐만 아니라 전형 원소도 두 종류로 나눌 수 있다.

① 전이 원소의 종류

전이 원소는 두 종류로 분류할 수 있다.

Ⓐ d 구역 전이 원소

새로 추가된 전자가 안쪽 껍질로 들어가는 전이 원소는 원자 번호 21번인 Sc부터 29번인 Cu까지만이 아니다. 원자 번호 39번인 이트륨 Y부터 47번인 은 Ag까지 똑같은 일이 일어나고 있다. 즉 가장 바깥쪽 껍질은 O 껍질이지만 전자는 안쪽 껍질인 N 껍질의 4d 오비탈에 들어가는 것이다.

이렇게 새롭게 더해진 전자가 안쪽 껍질의 d 오비탈에 들어가면서 생기는 전이 원소를 특히 d 구역 전이 원소라고 한다.

Ⓑ f 구역 전이 원소

반면 란타넘족이라고 불리는 한 무리의 원소, 원자 번호 57번 란타넘 La부터 71번 루테튬 Lu까지의 원소에서 가장 바깥쪽 껍질은 양자수 $n=6$인 P 껍질이지만 새로 추가된 전자는 2개 안쪽의 양자수 $n=4$인 N 껍질의 f 오비탈에 들어간다. 이와 같은 현상은 악티늄족이라고 불리는 원소무리, 원자 번호 89번 악티늄 Ac에서 103번 로렌슘 Lr에서도 일어난다. 악티늄족의 가장 바깥쪽 껍질은 양자수 $n=7$인 Q 껍질이고, 추가되는 전자는 양자수 $n=5$인 O 껍질의 f 오비탈에 들어간다. 이런 원소를 f 구역 전이 원소라고 한다.

앞에서 말했던 직장인의 비유를 다시 들자면 f 구역 전이 원소의 차이는 바로 속옷의 차이이다. 따라서 서로를 구별하는 것이 매우 어렵다.

이와 같이 두 종류로 분류할 수도 있지만 일반적으로 주기율표에서 3족부터 11족까지의 원소는 전이 원소라고 불린다. 또 3족 중에서 위에서부터 3번째까지인 스칸듐 Sc, 이트륨 Y 그리고 란타넘족의 원소들을 희토류라고 부르는 경우가 있다.

② 원소의 종류

전이 원소가 d 구역과 f 구역으로 나뉘듯이 전형 원소도 더 분류할 수 있다.

전형 원소의 최외각 전자는 s 오비탈에 들어가거나 p 오비탈에 들어간다. 전자를 s 구역 원소, 후자를 p 구역 원소라고 한다. 이와 같은 분류를 주기율표상에 나타내봤다.

다양한 주기율표

여기까지 주기율표의 성립과 그 의미를 살펴봤다. 그런데 지금까지 본 것은 장주기형 주기율표라는 주기율표이다. 그 외에도 몇 가지 종류가 있다. 대표적인 주기율표를 알아보자.

① 장주기형 주기율표

전자 배치를 최대한 반영해 만든 주기율표이다. d 오비탈에 전자가 들어가는 전이 원소를 3족부터 11족까지 넣었기 때문에 전이 원소 부분이 매우 보기 쉽다. 하지만 f 오비탈 전자에 들어가는 f 구역 전이 원소는 표 바깥으로 따로 빼냈다. 이 부분을 본체에 넣어서 옆으로 나열하면 33개의 원소가 더 들어가야 하므로 책으로 인쇄한다는 점을 고려하면 실용성이 떨어질 것이다.

② 단주기형 주기율표

약 20년 전까지는 단주기형 주기율표가 일반적으로 사용되었으며 학교 교육 현장에서도 이것을 활용해왔다. 단주기형 주기율표는 원소를 0족부터 Ⅷ족으로 나누고 나아가 A, B로 나누는 정성을 들였다. 난해하고 어려운 부분도 있지만 전형 원소가 연속으로 나열되어 있어 알아보기가 쉽다.

또한 전형 원소만 생각하면 Ⅳ족을 중심으로 왼쪽은 양이온이 되기 쉬운 원소가 나열되고 오른쪽에는 음이온이 되기 쉬운 원소가 나열되어 있다는 장점도 있다. 반도체 관련 현장에서는 지금도 14(Ⅳ)족의 규소 Si에 13(Ⅲ)족의 붕소 B를 불순물로 섞은 반도체를 13, 14족 반도체가 아니라 Ⅲ, Ⅳ족 반도체라고 부르는 일이 많다고 한다.

③ 타원형 주기율표

11쪽의 표는 원자 번호 순으로 나열한 원소를 보통 주기율표처럼 줄을 바꾸는 것이 아니라 나선형으로 말아둔 형태이다. 장주기형 주기율표와 비교하면 3족, 4족이 13족, 14족과 섞여 있는데, 이것은 타원형 주기율표를 채택하면 해결되는 이야기이다.

주기율표는 직접 작성하려고 하면 무척 까다롭지만 완성된 후의 그 예술적인 아름다움이 모든 고생을 잊게 만든다.

그 외에도 아이디어만 있으면 누구나 독자적인 주기율표를 만들 수 있다. 예를 들면 장주기형 주기율표의 f 구역 전이 원소를 테이프에 인쇄해 란타넘족, 악티늄족 부분에 붙인 입체형 주기율표도 판매되고 있다.

단주기형 주기율표

	I		II		III		IV		V		VI		VII		0	VIII
	A	B	A	B	A	B	A	B	A	B	A	B	A	B		
1	1 H														2 He	
2	3 Li		4 Be		5 B		6 C		7 N		8 O		9 F		10 Ne	
3	11 Na		12 Mg		13 Al		14 Si		15 P		16 S		17 Cl		18 Ar	
4	19 K		20 Ca		21 Sc		22 Ti		23 V		24 Cr		25 Mn			26 Fe 27 Co 28 Ni
		29 Cu		30 Zn		31 Ga		32 Ge		33 As		34 Se		35 Br	36 Kr	
5	37 Rb		38 Sr		39 Y		40 Zr		41 Nb		42 Mo		43 Tc			44 Ru 45 Rh 46 Pd
		47 Ag		48 Cd		49 In		50 Sn		51 Sb		52 Te		53 I	54 Xe	
6	55 Cs		56 Ba		57~71La		72 Hf		73 Ta		74 W		75 Re			76 Os 77 Ir 78 Pt
		79 Au		80 Hg		81 Tl		82 Pb		83 Bi		84 Po		85 At	86 Rn	
7	87 Fr		88 Ra		89~103Ac											

란타넘족	57 La	58 Ce	59 Pr	60 Nd	61 Pm	62 Sm	63 Eu	64 Gd	65 Tb	66 Dy	67 Ho	68 Er	69 Tm	70 Yb	71 Lu
악티늄족	89 Ac	90 Th	91 Pa	92 U	93 Np	94 Pu	95 Am	96 Cm	97 Bk	98 Cf	99 Es	100 Fm	101 Md	102 No	103 Lr

제4장

원자 · 분자로 본 주기율표

	1	2	3	4	5	6	7	8	9
1	1H 수소								
2	3Li 리튬	4Be 베릴륨							
3	11Na 나트륨	12Mg 마그네슘							
4	19K 칼륨	20Ca 칼슘	21Sc 스칸듐	22Ti 타이타늄	23V 바나듐	24Cr 크로뮴	25Mn 망가니즈	26Fe 철	27Co 코발트
5	37Rb 루비듐	38Sr 스트론튬	39Y 이트륨	40Zr 지르코늄	41Nb 나이오븀	42Mo 몰리브데넘	43Tc 테크네튬	44Ru 루테늄	45Rh 로듐
6	55Cs 세슘	56Ba 바륨	란타넘족	72Hf 하프늄	73Ta 탄탈럼	74W 텅스텐	75Re 레늄	76Os 오스뮴	77Ir 이리듐
7	87Fr 프랑슘	88Ra 라듐	악티늄족	104Rf 러더포듐	105Db 두브늄	106Sg 시보귬	107Bh 보륨	108Hs 하슘	109Mt 마이트너륨

란타넘족	57La 란타넘	58Ce 세륨	59Pr 프라세오디뮴	60Nd 네오디뮴	61Pm 프로메튬	62Sm 사마륨	63Eu 유로퓸
악티늄족	89Ac 악티늄	90Th 토륨	91Pa 프로트악티늄	92U 우라늄	93Np 넵투늄	94Pu 플루토늄	95Am 아메리슘

제4장에서는 다양한 변화나 반응의 규칙, 주기율표와의 관계를 살펴본다. 사실 이온화 에너지나 전기 음성도, 금속 결합 · 공유 결합이라는 화학적 결합에도 주기율표와의 관련성이 숨겨져 있다.

10	11	12	13	14	15	16	17	18
								2He 헬륨
			5B 붕소	6C 탄소	7N 질소	8O 산소	9F 플루오린	10Ne 네온
			13Al 알루미늄	14Si 규소	15P 인	16S 황	17Cl 염소	18Ar 아르곤
28Ni 니켈	29Cu 구리	30Zn 아연	31Ga 갈륨	32Ge 저마늄	33As 비소	34Se 셀레늄	35Br 브로민	36Kr 크립톤
46Pd 팔라듐	47Ag 은	48Cd 카드뮴	49In 인듐	50Sn 주석	51Sb 안티모니	52Te 텔루륨	53I 아이오딘	54Xe 제논
78Pt 백금	79Au 금	80Hg 수은	81Tl 탈륨	82Pb 납	83Bi 비스무트	84Po 폴로늄	85At 아스타틴	86Rn 라돈
110Ds 다름슈타튬	111Rg 뢴트게늄	112Cn 코페르니슘	113Nh 니호늄	114Fl 플레로븀	115Mc 모스코븀	116Lv 리버모륨	117Ts 테네신	118Og 오가네손

64Gd 가돌리늄	65Tb 터븀	66Dy 디스프로슘	67Ho 홀뮴	68Er 어븀	69Tm 툴륨	70Yb 이터븀	71Lu 루테튬
96Cm 퀴륨	97Bk 버클륨	98Cf 캘리포늄	99Es 아인슈타이늄	100Fm 페르뮴	101Md 멘델레븀	102No 노벨륨	103Lr 로렌슘

원자 반지름의 주기성

원자에는 여러 가지 물성·반응성이 있는데 그중 주기율표 순서에 따라 계속해서 변화하는 것을 주기성이 있는 변화라고 한다.

① 원자의 반지름

원자 반지름은 원자의 반지름으로 원자의 크기를 알 수 있는 가장 손쉬운 척도이다. 오른쪽 위 그림은 주기율표에 따라 원자의 반지름을 나타냈다.

원자의 크기는 전자구름의 크기이며 전자구름의 전자 수는 원자 번호의 증가와 함께 늘어난다. 그러므로 원자의 크기도 원자 번호와 함께 커질 것이라고 생각하기 쉽다. 하지만 이 그림을 보면 그렇지 않다. 같은 주기의 원자라면 원자 번호가 커질수록 원자는 작아지고, 같은 족이면 주기가 커질수록 원자도 커진다. 전형적인 주기성을 가지고 변화하고 있다.

주기는 가장 바깥 껍질의 전자 수를 반영한다. 주기가 커진다는 말은 그만큼 바깥쪽 전자껍질이 가장 바깥 껍질이 된다는 의미이므로 원자가 커지는 것은 당연하다. 또한 같은 주기일 때 원자 번호가 커질수록 반지름이 작아지는 이유는 원자핵의 플러스 전하가 커지기 때문이다. 그래서 전자구름을 끌어당기는 힘이 강해지고 그 결과 전자구름, 즉 원자의 크기가 줄어들게 된다.

② 원자 반지름의 측정

그런데 원자의 반지름은 어떻게 측정하는 것일까? 이것은 의외로 어려운 문제이다. 간단하게 설명하자면 같은 원자들로 만들어진 분자, 등핵(等核) 이원자 분자 간 결합 거리의 절반을 원자 반지름으로 친다. 그러나 이원자 분자를 만들지 않는 원자도 있어서 모든 원자에 이 방법을 쓸 수는 없다. 최근에 사용되는 방법은 양자 화학 계산에 따른 가장 바깥 껍질의 오비탈 반경을 이용하는 방법이다. 이 책의 그림도 그 방법을 나타냈다.

원자 반지름 외에 이온 반지름이라는 것도 있다. 중성 원자에서 전자를 뺀 것이 양이온이고, 전자를 더한 것이 음이온이다. 따라서 같은 원자라면 반지름은 양이온〈중성 원자〈음이온의 순서가 된다.

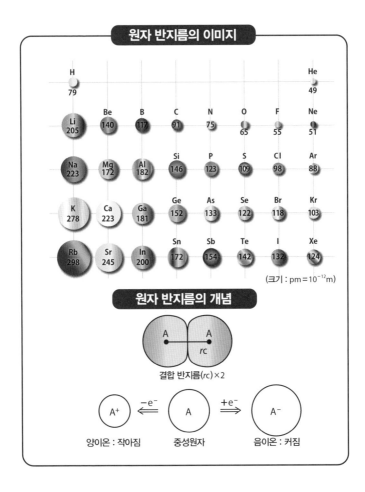

원자 반지름의 이미지

(크기 : pm＝10^{-12}m)

원자 반지름의 개념

결합 반지름(rc)×2

A^+ ⟸ $-e^-$ A $+e^-$ ⟹ A^-

양이온 : 작아짐   중성원자   음이온 : 커짐

이온가의 주기성

원자는 전자 수를 증감하며 이온이 된다. 이때 몇 가의 이온이 될지는 족에 의해 거의 결정되며 뚜렷한 주기성을 띤다.

① 이온가(價)

이온에는 양이온과 음이온이 있다. 양이온은 중성 원자가 전자를 방출해서 생성된다. 반면 음이온은 중성 원자가 전자를 획득해서 생성되는 것이다.

이온에는 A^+, A^{2+}, A^{3+}와 같이 전하의 양이 다른 이온이 있다. A^+를 1가의 양이온, A^{2+}를 2가의 양이온이라고 하며 1, 2와 같은 숫자를 이온가 혹은 이온가수(價數)라고 한다. 음이온도 마찬가지이다. 전형 원소에서 몇 가의 이온이 될지는 족별로 거의 정해져 있으며, 주기율표에 나타낸 바와 같다. 즉 이온가는 주기율표와 함께 주기적으로 변화하는 것이다.

② 이온화와 폐각 상태

원자가 어떤 이온이 되는지는 2-7, 2-8에서 살펴본 전자 배치와 밀접한 관계가 있다. 원자는 전자껍질에 정원이 꽉 차도록 전자가 들어간 폐각 상태가 가장 안정적이다. K 껍질이 가득 찬 헬륨 He이나 L 껍질이 꽉 찬 네온 Ne이 그 전형적인 예라고 할 수 있다.

리튬 Li은 L 껍질에 1개의 전자를 가지고 있다. 그런데 이 전자가 방출되면 나머지 부분의 전자 배치는 K 껍질에 2개가 있게 되고 헬륨과 같은 폐각 상태가 된다. 그래서 리튬은 전자를 1개 방출해서 1가의 양이온 Li^+가 되려고 한다. 마찬가지로 베릴륨 Be은 L 껍질에 2개의 전자를 가지고 있으므로 2가의 양이온 Be^{2+}가 되려고 한다는 점을 추측할 수 있다.

한편 플루오린 F은 L 껍질에 7개의 전자를 가지고 있으므로 1개만 더 늘리면 8개가 되어 네온과 같은 폐각 상태가 된다. 따라서 플루오린은 1개의 전자를 끌어들여서 1가의 음이온 F^-이 된다. 마찬가지로 산소 O는 2가의 음이온 O^{2-}이 된다.

이와 같은 이유로 이온가의 주기성이 나타난다.

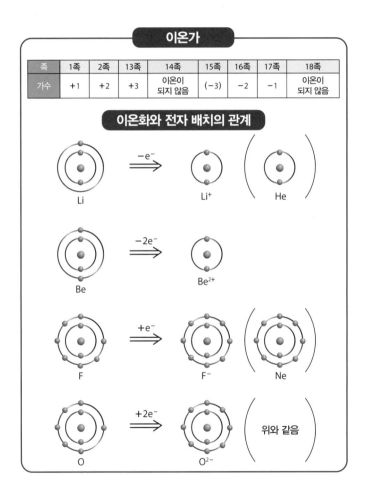

이온가

족	1족	2족	13족	14족	15족	16족	17족	18족
가수	+1	+2	+3	이온이 되지 않음	(−3)	−2	−1	이온이 되지 않음

이온화와 전자 배치의 관계

Li $\xRightarrow{-e^-}$ Li⁺ (He)

Be $\xRightarrow{-2e^-}$ Be²⁺

F $\xRightarrow{+e^-}$ F⁻ (Ne)

O $\xRightarrow{+2e^-}$ O²⁻ (위와 같음)

이온화 에너지의 주기성

원자가 전자를 방출해서 양이온이 되기 위해서는 외부에서 에너지를 받아야 한다. 이처럼 양이온이 되는데 필요한 에너지를 이온화 에너지 I_p라고 한다.

① 주기성

오른쪽 그림은 이온화 에너지와 원자 번호의 관계를 나타낸 것이다. 톱니처럼 변화하고 있는데 자세히 보면 주기율표와 일치하는 주기성이 있다는 점을 알 수 있다. 다시 말해 1족인 Li이나 Na은 작고, 18족인 He과 Ne은 크다. 그 사이 구간은 원자 번호와 함께 증가한다.

이는 앞에서 살펴본 내용을 에너지에 반영한 것이다. 즉 1족은 양이온이 되기 쉬워서 작은 에너지만으로도 양이온이 된다. 반면 폐각 상태가 되어 안정적인 18족은 불안정한 이온이 되는 것을 꺼린다. 또한 17족은 음이온이 되기가 쉽고 양이온이 되기는 어려워서 큰 에너지가 필요하다.

② 이온화 에너지

이온화 에너지는 2-4의 아래쪽 그림을 보면 이해하기 쉽다. 전자껍질은 고유의 에너지를 가지고 있다. 이 그림의 가장 위쪽은 자유전자의 에너지이다. 자유전자란 원자핵의 속박을 벗어난 전자라는 뜻으로 원자에서 방출된 전자를 의미한다.

원자가 양이온이 된다는 것은 최외각 전자를 이 자유전자로 만드는 것이기 때문에 그를 위해 양자의 에너지 차이인 ΔE를 전자에 줘야 한다. 이것이 이온화 에너지 I_p이며, 가장 바깥쪽의 오비탈 에너지와 같은 에너지양이다. 이온화 에너지가 작은 원자는 양이온이 되기 쉽고, 큰 원자는 양이온이 되기 어렵다.

그런데 반대로 자유전자가 원자의 오비탈에 들어가게 되면 어떻게 될까? 양자의 에너지 차이인 $\Delta E'$이 방출된다. 이를 전자 친화력 E_A라고 한다. 전자 친화력이 큰 원자는 음이온이 되기 쉽고 작은 원자는 음이온이 되기 어렵다.

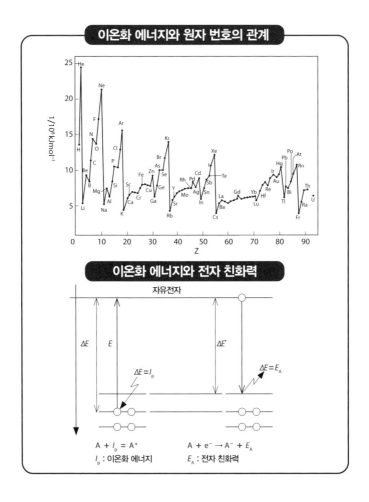

전기 음성도의 주기성

원소에는 전자를 끌어당기는 힘이 있다. 그 힘의 크고 작음을 나타내는 척도를 전기 음성도라고 한다. 전기 음성도는 주기율표와 밀접한 관계가 있다.

① 전기 음성도

앞에서 살펴본 이온화 에너지는 양이온이 되기 어려운 정도를 나타내는 척도이다. 그에 비해 전자 친화력은 음이온이 되기 쉬운 정도를 나타낸다. 두 가지 척도 모두 그 값이 크다면 음이온이 되기 쉬운, 말하자면 전자를 끌어당기는 힘이 강한 원소라는 의미이다. 그러므로 두 척도의 절댓값의 평균을 바탕으로 원자가 전자를 끌어당기는 힘의 크기를 알아낼 수 있다. 이렇게 구한 수치를 전기 음성도라고 정의한다.

오른쪽 위 그림은 주기율표에 전기 음성도를 더한 것이다. 4-1에서 살펴본 원자 반지름과는 순서가 반대이지만 주기율표의 정렬과 정확히 일치한다는 사실을 알 수 있다. 18족을 제외하면 주기가 커질수록 전기 음성도가 작아지고, 같은 주기라면 원자 번호가 커질수록 전기 음성도도 커진다. 이 순서는 원자핵과 최외각 전자의 개수를 떠올리면 이해할 수 있다. 쉽게 말해서 원자 반지름과 반대라는 의미이다.

② 전기 음성도와 수소 결합

전기 음성도는 간단한 개념이지만 그 영향은 절대적이다. 물 H-O-H의 O-H 결합에서 산소의 전기 음성도는 3.5, 수소는 2.1이다. 그래서 O-H 결합의 전자구름은 산소 쪽으로 끌려간다. 즉 산소는 전자가 많아져 일부가 마이너스($\partial-$) 전하를 띠게 되고, 반대로 수소는 전자를 빼앗겨 일부가 플러스(δ+) 전하를 띠게 된다.

　그 결과 이웃한 물 분자인 H와 O 사이에는 정전인력이 작용한다. 이러한 인력을 수소 결합이라고 한다. 수소 결합은 자연계에서 더할 나위 없이 중요한 기능을 하고 있다. DNA가 이중나선을 만들어 유전에서 분열·복제를 하고 생명을 다음 세대에 계승할 수 있는 이유도 따져보면 수소 결합 덕분이다.

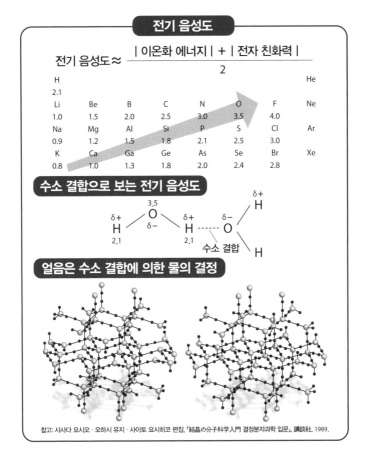

참고: 사사다 요시오·오하시 유지·사이토 요시히코 편집, 「結晶の分子科学入門 결정분자과학 입문」, 講談社, 1989.

산성 산화물과 염기성 산화물

원자가 산소와 결합한 것을 산화물이라고 한다. 산화물에는 물에 녹으면 산성이 되는 산성 산화물과 염기성이 되는 염기성 산화물, 양쪽의 성질을 모두 갖는 양성 산화물이 있다. 어떤 원소의 산화물이 어떤 성질을 가지는 지는 주기율표를 보면 파악이 가능하다.

① 산화물의 수용액

1족 원소인 나트륨 Na이 산소와 결합하면 산화나트륨 Na_2O이 되고 이를 물에 녹이면 수산화나트륨 NaOH이 된다. NaOH은 대표적인 염기이다. 한편 황 S이 산화하면 이산화황 SO_2, 즉 아황산가스이다. 이를 물에 녹이면 산인 아황산 H_2SO_3이 된다. 탄소가 산화되면 이산화탄소 CO_2가 되는데 이산화탄소가 물에 녹으면 탄산 H_2CO_3이라는 산이 된다.

이처럼 산화물에는 물에 녹으면 산이 되는 산성 산화물과 염기가 되는 염기성 산화물이 있다. 여기서 염기는 알칼리라고도 한다.

② 산화물과 주기율표

오른쪽 가운데 그림은 산성 산화물을 만드는 원소와 염기성 산화물을 만드는 원소를 주기율표에 나타낸 것이다. 염기성 산화물은 주기율표의 왼쪽에 치우치고 산성 산화물은 주기율표의 오른쪽 위쪽에 집중되어 있다는 사실을 알 수 있다. 이 점을 앞에서 살펴본 전기 음성도와 함께 생각해 보면 전기 음성도가 작은 원소가 염기성 산화물을 만들고 전기 음성도가 큰 원소가 산성 산화물을 만든다는 것까지 알게 된다.

이는 다음과 같은 결과로 해석할 수 있다. NaOH을 구성하는 각 원소의 전기 음성도는 오른쪽 아래 그림과 같다. 산소와 결합한 2개의 원자, Na과 H

의 전기 음성도를 보면 Na이 H보다 작다. 그래서 Na의 전자가 H의 전자보다 강하게 O에 끌리고 그 결과 Na이 Na^+이 되면서 OH^-이 생기는 것이다.

반면 H_2SO_3에서는 O와 결합한 H와 S 중 H의 전기 음성도가 작아서 H^+이 되고 그 결과 산이 된다.

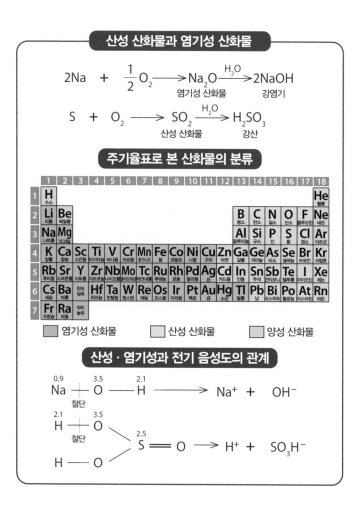

분자가 되어야 나타나는 성질

물은 실온에서는 액체이지만 저온에서는 고체인 얼음이 되고 고온에서는 기체인 수증기가 된다. 단일 원소로 만들어진 홑원소 물질도 마찬가지여서 온도나 압력에 의해 고체, 액체, 기체로 변한다. 이를 물질의 상태라고 한다.

① 분자

지금까지는 주로 원소와 원자의 성질을 살펴봤다. 주기율표를 이해하기 위해서는 원소라는 추상적인 개념만으로는 충분하지 않다. 좀 더 실제 물질에 대해서 알아봐야 한다. 원소가 실제 물질로서 우리 앞에 나타나는 것이 바로 분자이다.

분자는 여러 개의 원자가 모여 만든 구조체이다. 분자를 만드는 원자를 연결하는 힘을 결합, 또는 화학 결합이라고 한다. 결합에는 많은 종류가 있는데 그것은 다음 장에서 자세히 살펴보도록 하자.

② 홑원소 물질 · 동소체

분자에는 많은 종류가 있지만 동일 종류의 원소만으로 이루어진 분자를 홑원소 물질이라고 한다. 반면 다른 원소로 이루어진 것을 화합물이라고 한다. 따라서 수소 분자 H_2나 산소분자 O_2는 분자이자 홑원소 물질이지만 물 분자 H_2O나 암모니아 분자 NH_3는 분자이자 화합물이라는 뜻이다.

그리고 구조가 서로 다른 홑원소 물질을 동소체라고 한다. 산소분자 O_2와 오존 분자 O_3는 둘 다 홑원소 물질이며 서로 동소체의 관계가 된다. 탄소는 많은 동소체를 갖는 것으로 알려져 있으며 흑연과 다이아몬드, 각종 풀러렌, 탄소나노튜브 등이 유명하다.

또한 같은 분자라도 압력이나 온도 차이에 따라 다른 성질과 상태가 될 수 있다. 예를 들어 물은 상온·상압에서는 액체이지만 저온이나 고압에서는 결정형 얼음이 되고, 고온이나 저압 에서는 기체의 수증기가 된다. 하지만 이들 사이에 분자 구조의 변화는 없다. 이들은 모두 물이라는 같은 물질이며 상태만 다를 뿐이다.

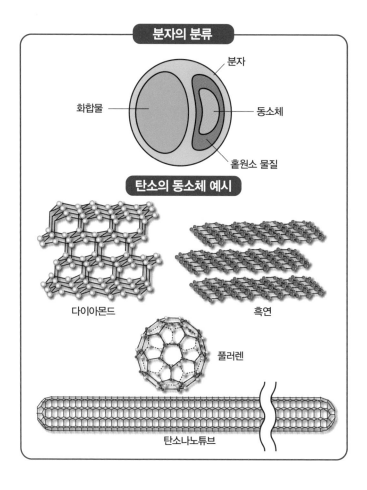

분자의 분류

화합물

분자

동소체

홑원소 물질

탄소의 동소체 예시

다이아몬드

흑연

풀러렌

탄소나노튜브

화학 결합과 주기율표

화학 결합에는 여러 종류가 있으며 어느 원소가 어떻게 결합할지는 대략 정해져 있다. 주기율표와 밀접한 관계가 있기 때문이다.

① 이온 결합

양이온과 음이온 간의 결합을 이온 결합이라고 한다. 이온 결합은 Na^+Cl^- 와 같이 양의 전하와 음의 전하 사이의 정전인력이기 때문에 이온화되기 쉬운 원자끼리만 성립된다. 전기 음성도가 크면 음이온이 되기 쉽고, 전기 음성도가 작으면 양이온이 되기 쉽다.

따라서 이온 결합은 주기율표의 양 끝의 원자 사이에서 일어나기가 쉽다. 특히 왼쪽 아래의 원자와 오른쪽 위의 원자 사이에는 견고한 이온 결합이 가능하다.

② 금속 결합

금속 원자가 만드는 결합을 금속 결합이라고 한다. 금속 결합은 기본적으로 같은 종류의 원자 집단 사이에서 일어난다. 금속 원자는 원자가 전자를 자유전자로 방출하고 이 자유전자가 풀의 역할을 해서 결합한다. 원가가 전자를 방출하기 위해서는 전기 음성도가 작아야만 한다. 그러기 위해서는 주기율표의 왼쪽 끝에 있는 것이 중요하다.

원자의 반지름이 큰 것도 중요한 요소이다. 원자핵에서 떨어져 나온 전자가 원자핵의 속박에서 해방되어 자유전자가 되기 쉽기 때문이다. 고로 금속 결합은 주기율표의 왼쪽 아랫부분에서 집중된다.

③ 공유 결합

공유 결합은 결합하는 2개의 원자가 서로 1개씩의 전자를 방출하고 그를 결합전자로 공유함으로써 성립된다. 다시 말해 기본적으로

　① 같은 원자끼리

　② 전기 음성도의 차이가 적은 원자끼리

　③ 같은 크기의 원자끼리

성립하기 쉬운 결합이다. 즉 금속 결합을 만들지 않는 원자라면 어떤 원자 간에도 성립될 가능성이 있다. 그래서 주기율표의 오른쪽 위쪽에서 주로 일어나게 된다. 또한 이 분류는 다음 장의 금속 원소, 비금속 원소의 분류와도 비슷하다.

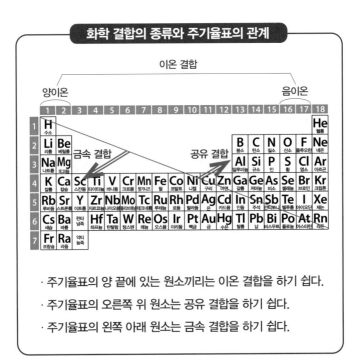

화학 결합의 종류와 주기율표의 관계

· 주기율표의 양 끝에 있는 원소끼리는 이온 결합을 하기 쉽다.

· 주기율표의 오른쪽 위 원소는 공유 결합을 하기 쉽다.

· 주기율표의 왼쪽 아래 원소는 금속 결합을 하기 쉽다.

제5장

물성으로 본 주기율표

	1	2	3	4	5	6	7	8	9
1	1H 수소								
2	3Li 리튬	4Be 베릴륨							
3	11Na 나트륨	12Mg 마그네슘							
4	19K 칼륨	20Ca 칼슘	21Sc 스칸듐	22Ti 타이타늄	23V 바나듐	24Cr 크로뮴	25Mn 망가니즈	26Fe 철	27Co 코발트
5	37Rb 루비듐	38Sr 스트론튬	39Y 이트륨	40Zr 지르코늄	41Nb 나이오븀	42Mo 몰리브데넘	43Tc 테크네튬	44Ru 루테늄	45Rh 로듐
6	55Cs 세슘	56Ba 바륨	란타넘족	72Hf 하프늄	73Ta 탄탈럼	74W 텅스텐	75Re 레늄	76Os 오스뮴	77Ir 이리듐
7	87Fr 프랑슘	88Ra 라듐	악티늄족	104Rf 러더포듐	105Db 두브늄	106Sg 시보귬	107Bh 보륨	108Hs 하슘	109Mt 마이트너륨

란타넘족	57La 란타넘	58Ce 세륨	59Pr 프라세오디뮴	60Nd 네오디뮴	61Pm 프로메튬	62Sm 사마륨	63Eu 유로퓸
악티늄족	89Ac 악티늄	90Th 토륨	91Pa 프로트악티늄	92U 우라늄	93Np 넵투늄	94Pu 플루토늄	95Am 아메리슘

제5장에서는 고체가 액체화되는 온도인 녹는점과 주기율표의 관계를 알아본다. 그리고 원소를 다양한 시점에서 그룹화해서 주기율표의 어디에 존재하는지를 살펴보자. 자원으로서 주목받고 있는 희유금속이 주기율표에서 어디에 위치하는지에 대해서도 설명한다.

10	11	12	13	14	15	16	17	18
								2He 헬륨
			5B 붕소	6C 탄소	7N 질소	8O 산소	9F 플루오린	10Ne 네온
			13Al 알루미늄	14Si 규소	15P 인	16S 황	17Cl 염소	18Ar 아르곤
28Ni 니켈	29Cu 구리	30Zn 아연	31Ga 갈륨	32Ge 저마늄	33As 비소	34Se 셀레늄	35Br 브로민	36Kr 크립톤
46Pd 팔라듐	47Ag 은	48Cd 카드뮴	49In 인듐	50Sn 주석	51Sb 안티모니	52Te 텔루륨	53I 아이오딘	54Xe 제논
78Pt 백금	79Au 금	80Hg 수은	81Tl 탈륨	82Pb 납	83Bi 비스무트	84Po 폴로늄	85At 아스타틴	86Rn 라돈
110Ds 다름슈타튬	111Rg 뢴트게늄	112Cn 코페르니슘	113Nh 니호늄	114Fl 플레로븀	115Mc 모스코븀	116Lv 리버모륨	117Ts 테네신	118Og 오가네손

64Gd 가돌리늄	65Tb 터븀	66Dy 디스프로슘	67Ho 홀뮴	68Er 어븀	69Tm 툴륨	70Yb 이터븀	71Lu 루테튬
96Cm 퀴륨	97Bk 버클륨	98Cf 캘리포늄	99Es 아인슈타이늄	100Fm 페르뮴	101Md 멘델레븀	102No 노벨륨	103Lr 로렌슘

기체, 액체, 고체가 되는 물질

원소는 어떤 상태일까? 원소 중에는 18족처럼 25℃, 1기압의 상온·상압에서 원자로 존재하는 원소도 있지만 수소나 산소처럼 분자로만 존재할 수 있는 원소도 있다. 홑원소 물질일 때 원소의 상태에 대해서 살펴보자.

① 원소의 상태

원자로서 존재할 수 있는 것은 18족뿐이다. 이들은 단원자 분자인 것 외에도 모두 기체라는 것이 특징이다. 그 외에 기체로 존재하는 원소는 수소 H_2, 질소 N_2, 산소 O_2, 플루오린 F_2, 염소 Cl_2뿐이며, 이들은 모두 1주기에서 3주기 원소이다.

액체로 존재하는 원소는 수은 Hg과 브롬 Br_2, 두 종류뿐이다. 그 밖에 기온이 조금 올라가면 액체가 되는 원소로 녹는점이 28.4℃인 세슘 Cs과 녹는점이 29.8℃인 갈륨 Ga이 있다. 그 외의 홑원소 물질들은 모두 고체인 것에서 알 수 있듯이 원소 대부분이 홑원소 물질일 때는 고체이다.

② 상태의 변화

상온·상압일 때 수소는 기체이지만 -253℃까지 낮추면 액체가 되고, -259℃에서는 고체가 된다. 냉매로 유명한 헬륨 He도 -272.2℃에서는 고체가 된다. 이처럼 모든 물질은 온도와 압력이 변화하면 액체나 기체가 된다.

오른쪽 아래 그림은 물의 상태도이다. 3개의 곡선 ab, ac, ad에 따라 3개의 영역 Ⅰ, Ⅱ, Ⅲ로 나누어져 있다. 기압 P와 온도 T의 조합 (P, T)가 영역 Ⅰ에 있을 때 물은 고체인 얼음 상태이고 Ⅱ에 있으면 액체가 된다는 내용을 나타낸다.

(P, T)가 그래프 선상에 있을 때는 해당 곡선의 양옆 상태가 공존한다. ab 곡선 위에 있다면 액체와 기체가 동시에 존재하는 것이므로 끓어오르는 상태라는 말이다. 그래프를 통해 1기압일 때의 끓는점이 100℃라는 사실을 알 수 있다.

선분 ad는 얼음에서 기체로의 직접 변화, 즉 승화를 나타내는 것으로 이를 이용한 것이 동결 건조이다.

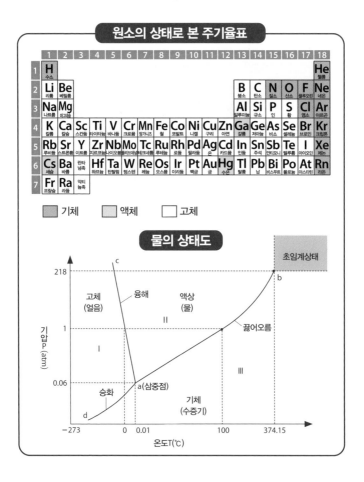

녹는점과 주기율표

물질은 온도 · 압력의 차이로 인해 여러 상태로 변화한다.

① 녹는점과 주기율표

물질의 상태가 변화하는 것을 상변화(相變化)라고 한다. 얼음이 0℃에서 녹아 물이 되고 얼음과 물의 중간 상태가 없듯이 상변화는 일정한 온도에서 불연속적으로 일어난다.

각각의 상변화와 그에 해당하는 온도의 이름을 오른쪽 위 그림에 나타냈다. 오른쪽 아래 그림은 홑원소 물질의 녹는점과 주기율표의 관계를 나타냈다. 1, 2족은 주기율표 아래쪽으로 갈수록 녹는점이 낮아진다. 이는 원자핵에 의한 전자의 속박이 느슨해지고 금속성이 증가한 결과로 보인다. 13, 14족에서 주기율표 위쪽의 녹는점이 높은 이유는 공유 결합성이 증가한 탓으로 볼 수 있다.

② 초임계상태

앞 장에서 본 상태도의 오른쪽 위에 초임계상태라는 영역이 있다. 이 영역은 무엇을 의미할까?

ab 곡선은 끝없이 늘어나는 것이 아니라 점 b로 끝난다. 그 말은 점 b를 넘으면 끓는점이 없어진다는 의미이다. 이것은 끓어오르는 상태가 없어진다는 말인데 이러한 점 b를 임계점, b를 넘어선 상태를 초임계상태라고 한다.

초임계상태에서는 액체와 기체의 구별이 어렵다. 액체의 비중과 점도를 가지고 기체의 분자 운동을 하는 상태이기 때문이다. 이 상태에 있는 물, 즉 초임계수는 보통의 물이나 수증기와도 다른 성질을 가진다. 거기다 용해도가 높아 유기물도 녹일 수 있다. 따라서 물을 유기 화학 반응의 용매에 사용할 수 있는 것이다. 이 방법은 유기 폐기물을 감소시키는 데다 환경 친화적이어서 환경 화학 분야에서 주목하고 있다.

또 초임계수와 산화제 등을 조합하면 가네미 유증 사건[5]에서 문제가 된 유해 물질 PCB(폴리염화바이페닐)을 효과적으로 분해할 수 있다고 한다.

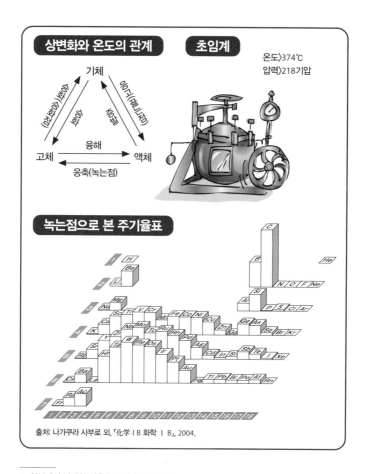

출처: 나가쿠라 사부로 외, 『化学 I B 화학 I B』, 2004.

---

5 일본에서 발생한 식용유 오염사건—옮긴이

고체와 결정

5-1에서 물질에는 고체, 액체, 기체라는 세 가지 상태가 있다는 점을 살펴봤다. 그런데 사실 고체에는 두 가지 종류가 있다.

① 고체의 종류

수정, 즉 석영과 유리는 둘 다 이산화규소 SiO_2를 주성분으로 하는 고체이다. 하지만 수정과 유리는 가격 이외에도 다른 점이 있다. 수정은 결정이고 유리는 결정이 아니다. 유리는 비정질 고체 혹은 비결정성 고체, 쉽게 말하면 유리질이라고 하며 결정과는 다르다.

결정이란 결정을 구성하는 입자인 원자와 분자가

① 3차원에 걸쳐 규칙적인 위치에서 (위치의 규칙성)

② 규칙적인 방향을 향해 (방향의 규칙성) 나열되어 있다

는 말이다. 그에 비해 비결정성 고체는 이러한 규칙성이 전혀 보이지 않는다. 유리의 입자들은 아무 위치에서 아무 방향을 향해서 가만히 존재할 뿐이다.

② 액체와 비정질 고체

얼음은 물의 결정이다. 얼음을 녹는점인 0℃ 이상에서 가열하면 녹아서 액체가 된다. 그리고 이 액체를 녹는점 이하로 냉각시키면 다시 결정이 된다. 이는 액체 상태로 이리저리 돌아다니던 물 분자가 '녹는점이야~!'라는 함성과 함께 쏜살같이 제자리로 돌아왔음을 의미한다.

그에 비해 이산화규소의 분자는 무겁고 느슨하며 둔해서 녹는점에 이르러도 바로 제자리로 돌아갈 수 없다. 자리로 돌아가려고 우물쭈물하는 동안 온도가 떨어져서 운동 에너지를 잃고 움직일 수 없게 된다. 그 상태가 비정

질 고체이다. 그러므로 비정질 고체는 액체 덩어리, 얼어있는 액체라고 할 수 있다.

홑원소 물질의 고체 대부분은 결정이지만 탄소와 규소는 비정질 고체도 될 수 있다. 그을음[6]은 결정성이 없는 고체이며 태양전지 등에 사용하는 비정질 실리콘도 마찬가지이다. 금속은 보통 상태에서는 결정이지만, 비정질 고체가 된 것은 결정 금속과는 성질이 달라 미래형 소재로 주목받고 있다.

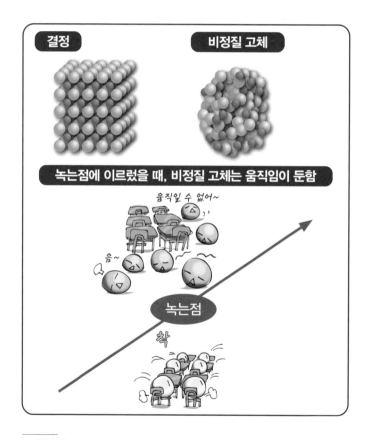

6　카본 블랙. 미세한 탄소 분말로 고무 제품의 강화제나 인쇄용 잉크 등에 사용

결정형과 주기율표

모든 홑원소 물질은 낮은 온도에서 결정이 되는데 결정에도 여러 종류가 있다. 결정의 종류를 살펴보자.

① 결정의 종류

얼음은 물 분자 H_2O로 된 결정이고, 주로 소금으로 알려진 염화나트륨은 Na^+과 Cl^-의 두 이온으로 만든 결정이다.

얼음처럼 분자로 이루어진 결정을 분자 결정이라고 한다(4-4의 그림 참조). 분자 결정에서 각 분자를 붙잡고 있는 힘은 분자간력이고, 약한 결합에 속한다.

한편 소금처럼 이온으로 만든 결정을 이온 결정이라고 한다. 이온 결정은 결정 구성 입자, 즉 이온들이 이온 결합한 것이 특징이다(4-7 참조). 그에 비해 다이아몬드는 탄소 C의 결정이지만, 모든 탄소 원자가 공유 결합으로 결합되어 있다. 이러한 결정을 공유 결합 결정이라고 한다(4-6의 표 참조). 금속도 금속 결합을 하며 이렇게 만들어진 것이 금속 결정이다.

② 금속 결정의 종류

금속은 4-7에서 봤듯이 금속 결합을 하고 금속이온의 주위를 자유전자가 헤엄치고 있다.

금속 결정에서는 금속이온이 3차원에 걸쳐 규칙적으로 쌓여 있다. 금속이온은 공 형태로 보인다. 따라서 금속이온을 쌓을 때 입자의 방향은 무관하며 일정한 공간에 가능한 한 많은 공을 채워 넣는다는 방침을 따른다.

이와 같은 방침에 따라 쌓아 올리는 방법으로 가장 유효한 방법은 면심입방 구조와 육방 밀집 구조가 있으며, 둘 다 공간의 74%를 공으로 메울 수 있다. 그다음 유효한 방법은 체심 입방 구조로 이 경우 공간의 68%를 공으로 채우게 된다.

금속의 약 80%는 이들 중 하나의 결정 구조를 취한다. 또한 금속에 따라서는 온도나 압력에 따라 여러 결정형을 취하는 금속도 있다. 아래 그림은 해당 내용을 주기율표에 정리한 것이다.

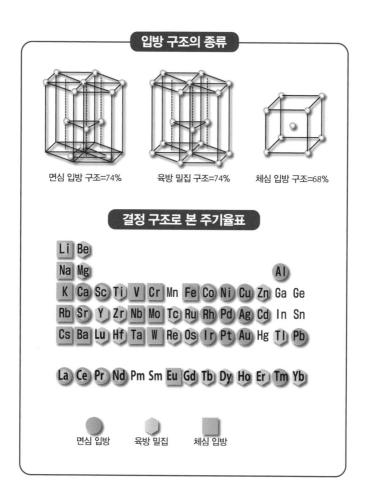

입방 구조의 종류

면심 입방 구조=74%   육방 밀집 구조=74%   체심 입방 구조=68%

결정 구조로 본 주기율표

면심 입방   육방 밀집   체심 입방

금속 원소의 특색

원소는 금속 원소와 비금속 원소로 나눌 수 있다.

① 금속 원소의 조건

일반적으로 금속은 다음과 같은 세 가지 성질을 갖추고 있는 것을 말한다.

① 금속광택이 남

② 전성·연성이 큼

③ 전기전도성이 큼

하지만 이 성질들은 수치로 정의할 수 없다. 따라서 이 성질에 따라 금속인지 아닌지 나누기에는 모호하다.

② 금속과 금속 결합

그러나 ①~③의 성질이 모두 금속 결합으로 만들어진다는 점을 고려하면 금속은 원자가 금속 결합을 하는 것으로 한정할 수 있다.

예를 들어 ①은 금속의 자유전자가 정전기적 반발력으로 인해 금속 결정의 표면에 밀집되어서 빛이 결정 내부로 들어가지 못해 생기는 성질이다.

그렇다면 ③의 전기전도성과 금속 결합은 어떤 관계일까? 전류는 전자의 이동이다. 마이너스 전하를 가진 전자가 오른쪽에서 왼쪽으로 이동하면 전류는 왼쪽에서 오른쪽으로 흐른다고 정의된다. 금속 결정 안에서 자유전자의 이동성이 좋아지면 전도도가 높아진다. 이동하기 어려우면 전도도도 떨어진다.

자유전자의 이동성을 방해하는 것은 금속이온의 열진동이다. 열진동이 심하면 전자는 그 옆을 빠져나가기가 어려워져서 전도도가 떨어진다. 그러므로 금속이온의 열진동을 억제하려면 온도를 낮춰야 한다.

이러한 이유로 금속의 전도도는 온도가 낮아지면 높아진다. 그리고 극저온에서 어떤 금속의 전도도는 무한대가 되어 초전도 상태가 된다. 이때 온도를 임계 온도라고 한다.

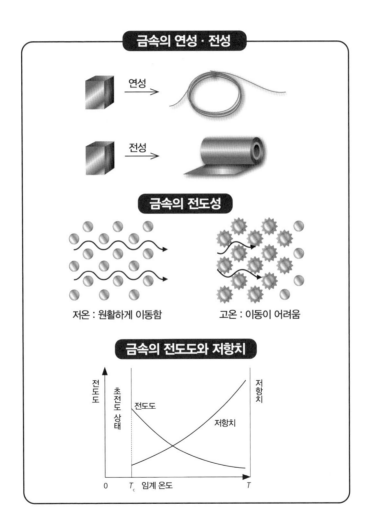

금속 원소와 주기율표

원소를 금속 원소와 비금속 원소로 나눴을 때, 압도적으로 많은 수를 차지하는 것은 금속 원소이다.

① 금속 원소

오른쪽 그림은 주기율표상에서 금속 원소와 비금속 원소를 표시한 것으로, 명백하게 금속 원소가 훨씬 더 많다. 비금속 원소의 개수는 고작 22개이며 주기율표의 오른쪽 위에 뭉쳐있다.

현재 발견된 원소 수는 118개이기 때문에 나머지 96개가 금속 원소인 셈이다. 자연계에 존재하는 원소로 좁혀 봐도 92종류 중 70종은 금속 원소라는 것이다. 금속이 얼마나 많은지 알 수 있다.

금속 원소 중 1~2족, 12~16족까지의 전형 원소를 전형 금속 원소라고도 한다. 그에 비해 전이 원소는 모든 원소가 금속 원소이다.

② 반금속

앞 장에서 봤듯이 금속 원소와 비금속 원소는 일정한 수치를 두고 뚜렷하게 구별할 수가 없다.

게다가 금속과 비금속 사이의 중간적인 존재로 반금속을 인정하기도 한다. 반금속은 붕소 B, 규소 Si, 저마늄 Ge, 비소 As, 안티모니 Sb, 텔루륨 Te, 비스무트 Bi, 폴로늄 Po 등이다. 이 중 규소와 저마늄은 반도체이지만 셀레늄 역시 반도체여서 반도체성이 반금속 고유의 성질인 것은 아니다.

반도체의 특징은 전기전도성이다. 반도체는 절연체는 아니지만 금속만큼 좋은 도체도 아니다. 반도체에서 전류를 운반하는 전자는 공유 결합 전자이다. 이 전자에 이동성을 갖게 하려면 충분한 운동 에너지를 줘야 한다.

바로 열에너지이다.

따라서 반도체의 전도도는 온도가 올라가면 오히려 높아진다. 이는 금속의 경우와 정확히 반대이다.

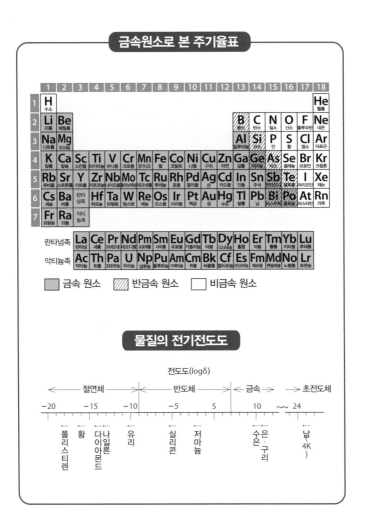

희유금속과 희토류

현대 과학과 그것을 응용한 현대산업에 빼놓을 수 없는 원소로 희유금속과 희토류가 있다.

① 희유금속

지금까지 살펴본 원소의 분류는 ①전자 배치에 따른 이론적인 분류와 ② 자연계의 경향에 따른 실험적인 분류였다. 그에 비해 희유금속이라는 분류에는 이론적인 근거가 아무것도 없다. 희유금속은 ③인위적, 정치적인 분류이다.

희유금속은 영어로는 rare metal로 희귀 금속이라는 의미이다. 또한 초경합금과 같은 특수합금, 초강력자석, 초전도체, 발광체, 특수유리 등의 구성 원료로 쓰이는 만큼 중요한 존재다. 그래서 희유금속은 현대 과학의 비타민이나 쌀이라 불린다.

희유금속을 오른쪽 위 그림의 주기율표에 나타냈다. 7주기를 제외하고 현재 47종류가 있다. 참고로 이 분류는 일본에서만 통하며 다른 나라에서는 또 다른 방법으로 분류되고 있다.[7]

② 희토류

희토류, 영어로 rare earth는 희유금속의 한 종류이다.

희토류는 희유금속과는 달리 이론적으로 분류할 수 있다. 3족 원소 중 주기율표 위쪽에 있는 스칸듐 Sc, 이트륨 Y, 그리고 란타넘족이다. 란타넘족에 15종류의 원소가 있으니 합해서 17종류가 된다. 총 47종류인 희유금속 중 3분의 1 정도는 희토류인 것이다.

---

7 한국에서는 일본에서의 분류에 몇 가지 원소가 더 포함된다.

희토류는 초강력자석, 초전도체, 발광체, 특수유리 등의 필수요소로 희유금속 중에서도 특히 중요하다. 하지만 아쉽게도 일본에는 희유금속도 희토류도 풍부하지 않다. 대체품을 찾는 연구에 더 힘을 실어야 하는 이유다.[8]

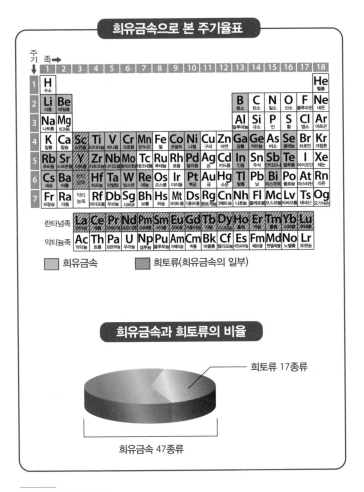

---

8 한국도 비슷한 실정이다.

편중된 희유금속

희유금속은 47종류나 있어서 금속 원소가 70종류임을 고려하면 대부분이 '희소'하다. 하지만 그 희소성이 반드시 존재의 희소성만 의미하는 것은 아니다.

① 희유금속의 희소성

희유금속의 희소성은 주로 세 가지 요소로부터 결정된다.

① 자원량이 적음

② 특정 국가에서만 산출

③ 분리 정제가 어려움

이 중 ③은 주로 희토류에 해당한다. 란타넘족은 열다섯 쌍둥이라고도 할 수 있는 원소들로 모두 매우 흡사해서 분리가 특히 어렵다.

①의 이유만으로 희유금속으로 지정된 것은 거의 없다. 자원량이 적은 원소는 희토류 외에도 많이 존재한다. 실제로 금 Au의 지각 매장량은 전체 원소 중 75번째로 매우 '희소'하지만 희유금속은 아니다. 금은 일본에서도 조금이지만 산출될뿐더러 별로 '도움이 되지 않는' 금속이기 때문이다.

② 편중된 자원

한편 타이타늄 Ti은 지각 내 존재량이 10번째로 풍부한 금속이지만 희유금속이다. 주로 중국이나 호주에서 산출되고 일본에서는 잘 산출되지 않기 때문이다.

이처럼 희유금속의 대부분은 국가별 존재량의 차이가 뚜렷하다. 백금 Pt은 전체의 90%가 남아프리카에서 산출되고 텅스텐 W은 전체의 84%가 중국에서 산출되고 있다.

일본의 희유금속 관련 광산은 간토 지방 북부에서 도호쿠 지방에 걸친 흑광 벨트라고 불리는 일대이지만 매장량은 많지 않다. 대륙붕에 잠들어 있는 망가니즈 단괴에 희망을 걸고 있지만 그것도 채취하기가 쉬운 것은 아니다. 그래서 현재로서는 희유금속의 수입이 끊기면 일본의 과학과 산업에 뼈아픈 타격이 예상된다.

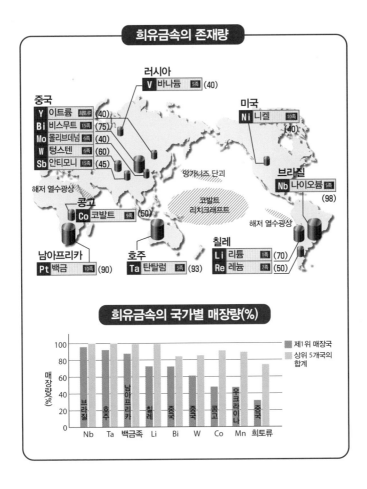

1, 2, 12족 원소

	1	2	3	4	5	6	7	8	9
1	1H 수소								
2	3Li 리튬	4Be 베릴륨							
3	11Na 나트륨	12Mg 마그네슘							
4	19K 칼륨	20Ca 칼슘	21Sc 스칸듐	22Ti 타이타늄	23V 바나듐	24Cr 크로뮴	25Mn 망가니즈	26Fe 철	27Co 코발트
5	37Rb 루비듐	38Sr 스트론튬	39Y 이트륨	40Zr 지르코늄	41Nb 나이오븀	42Mo 몰리브데넘	43Tc 테크네튬	44Ru 루테늄	45Rh 로듐
6	55Cs 세슘	56Ba 바륨	란타넘족	72Hf 하프늄	73Ta 탄탈럼	74W 텅스텐	75Re 레늄	76Os 오스뮴	77Ir 이리듐
7	87Fr 프랑슘	88Ra 라듐	악티늄족	104Rf 러더포듐	105Db 두브늄	106Sg 시보귬	107Bh 보륨	108Hs 하슘	109Mt 마이트너륨

란타넘족	57La 란타넘	58Ce 세륨	59Pr 프라세오디뮴	60Nd 네오디뮴	61Pm 프로메튬	62Sm 사마륨	63Eu 유로퓸
악티늄족	89Ac 악티늄	90Th 토륨	91Pa 프로트악티늄	92U 우라늄	93Np 넵투늄	94Pu 플루토늄	95Am 아메리슘

제6장부터는 세로 방향의 족별 그룹에 대해서 살펴보자. 먼저 '전형 원소'라고 불리는 1족, 2족, 12족 그룹을 알아본다. 1족에는 수소와 알칼리 금속, 2족에는 알칼리 토금속이 포함되어 있으며 12족에는 아연과 수은이 속해 있다.

10	11	12	13	14	15	16	17	18
								2He 헬륨
			5B 붕소	6C 탄소	7N 질소	8O 산소	9F 플루오린	10Ne 네온
			13Al 알루미늄	14Si 규소	15P 인	16S 황	17Cl 염소	18Ar 아르곤
28Ni 니켈	29Cu 구리	30Zn 아연	31Ga 갈륨	32Ge 저마늄	33As 비소	34Se 셀레늄	35Br 브로민	36Kr 크립톤
46Pd 팔라듐	47Ag 은	48Cd 카드뮴	49In 인듐	50Sn 주석	51Sb 안티모니	52Te 텔루륨	53I 아이오딘	54Xe 제논
78Pt 백금	79Au 금	80Hg 수은	81Tl 탈륨	82Pb 납	83Bi 비스무트	84Po 폴로늄	85At 아스타틴	86Rn 라돈
110Ds 다름슈타튬	111Rg 뢴트게늄	112Cn 코페르니슘	113Nh 니호늄	114Fl 플레로븀	115Mc 모스코븀	116Lv 리버모륨	117Ts 테네신	118Og 오가네손

64Gd 가돌리늄	65Tb 터븀	66Dy 디스프로슘	67Ho 홀뮴	68Er 어븀	69Tm 툴륨	70Yb 이터븀	71Lu 루테튬
96Cm 퀴륨	97Bk 버클륨	98Cf 캘리포늄	99Es 아인슈타이늄	100Fm 페르뮴	101Md 멘델레븀	102No 노벨륨	103Lr 로렌슘

1족 원소의 성질

1족 원소는 총 7개가 있는데 수소를 제외하면 모두 금속 원소로 이들은 알칼리 금속 원소라고도 불린다.

① 전자 구조

모든 1족 원소는 가장 바깥 껍질에 1개의 전자를 가지고 있으며, 그 전자는 s 오비탈에 들어있다. 그에 따라 s 구역 원소로 불리기도 한다. 이 1개의 전자를 방출하면 여덟 전자 규칙에 따라 안정된 상태가 되므로 1족 원소는 1가의 양이온이 되려는 성질을 가지고 있다.

1족 원소에서는 수소만이 다른 성질을 가지고 있다. 수소만 금속이 아닌 기체이며 공유 결합으로 분자 H_2를 만든다. 수소를 제외한 모든 원소는 고체이며 금속이다. 그래서 수소를 제외한 모든 1족 원소는 알칼리 금속이라고 불린다. 알칼리 금속은 격렬한 반응성을 가지며 공기 중의 습기나 산소와도 반응하므로 석유에 담가서 저장한다.

알칼리 금속을 백금 등의 철사 끝에 묻혀 불꽃 속에 넣으면 불꽃에 그 금속 고유의 색이 나온다. 이를 불꽃 반응이라고 하며 금속의 식별이나 불꽃놀이 발색에 사용한다.

② 알칼리성

알칼리 금속이라 불리는 이유는 이 금속들이 알칼리성이기 때문이다. 알칼리성이란 물에 녹아 수산화물이온 OH^-을 방출하는 것을 말한다. 나트륨 Na은 물에 넣으면 격렬하게 반응해서 수산화나트륨 NaOH과 수소 H_2를 만든다. 그리고 이 수소가 반응열에 의해 산소와 반응해서 폭발을 일으킨다. 물속에 남은 NaOH은 완전히 이온화되어 Na^+과 OH^-이 된다. 따라서 물은 알칼리성을 띠게 된다.

　수산화나트륨과 같은 알칼리, 즉 염기가 염산 HCl과 같은 산과 반응하면 물과 염화나트륨 NaCl이 생겨난다. 이러한 산과 염기의 반응을 중화라고 하는데, 그 결과 물과 함께 생겨나는 물질을 일반적으로 염이라고 한다.

1족 원소의 전자 구조

B
가장 바깥 껍질
$-e^-$
여덟 개의 전자

B^+
여덟 개의 전자(여덟 전자 규칙 만족)

1족 원소의 불꽃 반응

원소	Li	Na	K	Rb	Cs
불꽃색	빨간색	노란색	보라색	짙은 빨간색	청록색

불꽃 반응

석유

알칼리 금속의 보존 방법

알칼리(염기)와 산

$$BOH \longrightarrow B^+ + OH^-$$
알칼리(염기)

$$AH \longrightarrow A^- + H^+$$
산

$$BOH + AH \xrightarrow{중화} H_2O + AB$$
염

수소 H는 원자 번호 1번인 원소로 가장 작고 단순한 원자이며 우주에 가장 많은 원소이다.

① 수소 원자

수소 원소는 당연히 1종이고, 수소 원자는 최소 3종이 있다. 모든 수소 원자핵에는 양성자 p가 1개만 존재하지만 중성자수가 다른 원자들이 있기 때문이다. 중성자 n이 없는 경수소 ^1H, 중성자 1개를 가진 중수소 ^2H, 2개를 가진 삼중수소 ^3H 이렇게 세 종류가 있으며 이들을 서로 동위 원소라고 부른다.

수소는 빅뱅으로 생긴 최초의 원소이다. 수소가 모여서 항성이 되고, 항성에서 수소가 핵융합해서 헬륨 He이 되는 원자핵 융합이 이루어지고 그 에너지로 인해 항성이 빛난다.

인류도 핵융합을 통한 에너지를 얻기 위해 핵융합 연구를 진행하고 있다. 그러나 파괴 목적의 수소폭탄은 이미 만들어진 데 비해 평화적인 이용을 위한 핵융합로의 실용화는 아직 갈 길이 멀다.

② 수소 분자

수소 원자 2개가 공유 결합해 수소 분자 H_2를 만든다. 수소 분자는 가장 가벼운 기체로 풍선이나 열기구 등에 넣는다. 한편 산소와 폭발적으로 반응하면 물이 된다. 이 반응은 큰 폭발음을 내기 때문에 수소와 산소의 2:1 부피 비 혼합 기체는 특히 폭명기(爆鳴氣)라고 불린다.

수소는 수소연료전지의 연료로도 사용된다. 이 전지는 폐기물로 물만 배출하기 때문에 친환경 차세대 전지로 촉망받고 있다. 다만 폭발성 기체인 수소를 어떻게 보관하고 어떻게 운반하느냐 하는 문제가 남아있다.

수소는 특정 금속들에 흡수되기도 하는데 이런 금속을 수소 흡장 합금이라고 한다. 흡수 원리는 금속 결정 격자의 틈새에 들어가는 것으로 마치 사과(금속 원자)로 가득 찬 사과 상자(금속 결정)의 사이에 콩(수소)을 넣는 것과도 같다.

1족 나머지 원소들의 성질

수소 외의 1족 원소는 알칼리 금속이며 모두 높은 반응성을 가진 고체 금속이다.

① 리튬 Li

리튬은 은백색의 고체로 비중 0.53, 녹는점 181℃의 가벼운 금속이다. 일반적으로 비중이 5 이하인 금속을 경금속, 그보다 무거운 금속을 중금속이라고 한다. 리튬은 금속 중에서 가장 비중이 가볍고, 부드러워서 칼로 자를 수 있다. 리튬 전지의 원료로 중요한 금속이며 우울증 치료제로도 주목받고 있다. 그러나 치료량과 중독량의 차이가 적어서 복용 시에는 주의가 필요하다.

② 나트륨 Na

나트륨은 비중 0.97, 녹는점 98℃의 은백색의 부드러운 금속이다. 칼륨 K과 함께 동물의 신경계에서 신경 전달을 담당하는 중요한 이온으로 작용한다. 또한 고속 증식로의 냉각재로 사용된다. 소금 NaCl의 용융 전기분해로 만들어진다.

③ 칼륨 K

칼륨은 비중 0.85, 녹는점 64℃인 은백색의 부드러운 금속이다. 반응성이 강하고 공기 중의 습기와 반응해 발화할 수도 있으므로 취급 시 주의해야 한다.

식물의 3대 영양소 중 하나로 중요한 존재이다. 식물을 태우면 유기물은 물이나 이산화탄소로 휘발된다. 하지만 칼륨 등의 금속, 일반적으로 미네랄 성분이라고 하는 것들은 K_2CO_3 등의 탄산염이나 산화물로 남는다. 바로 재라고 불리는 물질이다. 그래서 재를 물에 푼 잿물에는 수산화칼륨 KOH 등이 함유되어 있어서 알칼리성, 즉 염기성을 띠게 된다.

④ 루비듐 Rb

루비듐은 비중 1.53, 녹는점 39℃의 녹기 쉬운 금속이다. 세슘과 함께 원자시계에 사용되고 있다. 세슘 Cs만큼의 정확성은 없지만, 간이형 원자시계로서 3천~30만 년에 1초의 오차라는 충분한 정밀도를 자랑한다.

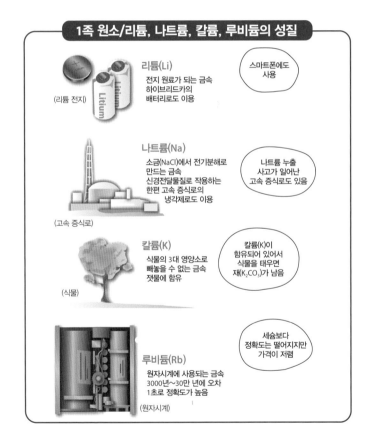

1족 원소/리튬, 나트륨, 칼륨, 루비듐의 성질

리튬(Li)
전지 원료가 되는 금속
하이브리드카의
배터리로도 이용
(리튬 전지)

스마트폰에도
사용

나트륨(Na)
소금(NaCl)에서 전기분해로
만드는 금속
신경전달물질로 작용하는
한편 고속 증식로의
냉각제로도 이용
(고속 증식로)

나트륨 누출
사고가 일어난
고속 증식로도 있음

칼륨(K)
식물의 3대 영양소로
빼놓을 수 없는 금속
잿물에 함유
(식물)

칼륨(K)이
함유되어 있어서
식물을 태우면
재(K_2CO_3)가 남음

세슘보다
정확도는 떨어지지만
가격이 저렴

루비듐(Rb)
원자시계에 사용되는 금속
3000년~30만 년에 오차
1초로 정확도가 높음
(원자시계)

2족 원소의 성질

2족 원소 6개 중 베릴륨 Be과 마그네슘 Mg을 제외한 나머지 4개는 알칼리 토금속이라고 불린다. 하지만 2족=알칼리 토금속이라고 해서 6개 금속 모두를 알칼리 토금속이라고 부를 때도 있다.

① 전자 구조

2족 원소는 가장 바깥 껍질에 2개의 전자를 가지고 있으며 모두 s 오비탈에 들어 있어서 1족 원소와 함께 s 구역 원소라고 불리기도 한다. 이 2개의 전자를 방출하면 안정적인 폐각 상태가 되기 때문에 2족 원소는 모두 2가의 양이온이 되려는 성질이 있다. 4-4의 전기 음성도를 보면 주기율표 아래로 갈수록 작아진다. 따라서 아래쪽 원소일수록 플러스 전하를 가진 양이온이 되려는 경향이 강하다. 1족 원소와 마찬가지로 불꽃 반응을 보이기 때문에 불꽃놀이에 이용되지만, 베릴륨과 마그네슘은 불꽃이 무색이며 불꽃 반응을 보이지 않는다.

② 성질

2족 원소를 M이라고 하면 수소와 반응했을 때 수소화물 MH_2이 된다. 이 화합물에서는 금속 원자 M이 플러스로 이온화하고 수소가 마이너스로 이온화한다. 그래서 수소 이온 H^-을 발생시키는 시약으로도 이용된다.

또한 산소와 반응해 산화물 MO을 만든다. 산화베릴륨 BeO 이외의 산화물은 물과 반응해 수산화물 $M(OH)_2$을 생성한다. 수산화물은 알칼리성이며 그 강도는 주기율표 아래로 갈수록 강해진다고 알려져 있다. 위에서 봤듯이 M은 아래로 갈수록 전기 음성도가 작아져서 $M(OH)_2$이 2개의 OH^-을 방출해 2가의 양이온 M^{2+}이 되려는 성질이 강해지기 때문이다.

이처럼 수산화물이온 OH^-으로 분리될 수 있는 OH 원자단을 두 개 가지고 있는 상태를 일반적으로 2가의 염기 혹은 2가의 알칼리라고 한다.

2족 원소의 전자 구조

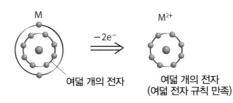

M

여덟 개의 전자

$-2e^-$

M^{2+}

여덟 개의 전자
(여덟 전자 규칙 만족)

2족 원소의 불꽃 반응

원소	Be	Mg	Ca	Sr	Ba	Ra
불꽃색	무색		주황색	짙은 붉은색	연두색	붉은색

2족 원소의 반응 사례

$$M + H_2 \longrightarrow MH_2$$

$$M + \frac{1}{2}O_2 \longrightarrow MO \xrightarrow{H_2O} M(OH)_2$$

$$M(OH)_2 \longrightarrow M^{2+} + 2OH^-$$
염기(알칼리)

$$M(OH)_2 + HCl \longrightarrow M(OH)Cl + H_2O$$
염

$$M(OH)Cl + HCl \longrightarrow MCl_2 + H_2O$$
정염

마그네슘과 칼슘의 성질

2족 원소 중 일상생활에 친근한 원소로 마그네슘과 칼슘이 있다.

① 마그네슘 Mg

마그네슘은 은백색 금속이며 비중은 1.74로 공기 중 사람이 만질 수 있는 금속 중에서는 가장 비중이 가벼운 금속이다. 소량의 알루미늄 Al이나 아연 Zn을 섞은 마그네슘 합금은 가볍고 단단해서 비행기나 자동차 휠 등에 사용된다. 단, 이 합금은 녹슬기 쉬워서 표면을 플라스틱 같은 고분자로 코팅해야 한다.

마그네슘은 수소를 흡수하는 능력이 강해서 자체 중량의 7.6%에 이르는 무게의 수소를 흡수할 수 있다.

② 칼슘 Ca

칼슘은 비중 1.48의 은백색 금속이다. 상온에서 물과 반응하므로 칼슘 자체로는 구조재로 사용할 수 없다.

칼슘은 인체의 뼈와 치아를 만드는 성분으로 매우 유명하며 성인에게는 약 1kg의 칼슘이 있다고 한다. 칼슘은 지각에 주성분이 탄산칼슘 $CaCO_3$인 석회암의 형태로 매장량이 풍부하다. 석회암은 이산화탄소를 녹인 탄산수 H_2CO_3에 녹는다. 이렇게 생긴 동굴이 석회동굴이다. 그런데 이산화탄소가 적어지면 다시 탄산칼슘이 되어 석출(析出)된다. 이것이 종유석이나 석순이다.

생석회인 산화칼슘 CaO은 물을 흡수해서 소석회 수산화칼슘 $Ca(OH)_2$이 되기 때문에 식품 건조제로 사용된다. 하지만 이 반응은 발열이 심해서 화재나 화상을 일으킬 수 있으니 조심해서 다뤄야 한다.

시멘트의 주성분도 약 65%가 산화칼슘으로 물에 녹은 뒤 수산화칼슘으로 석출되는 반응을 이용한 것이다.

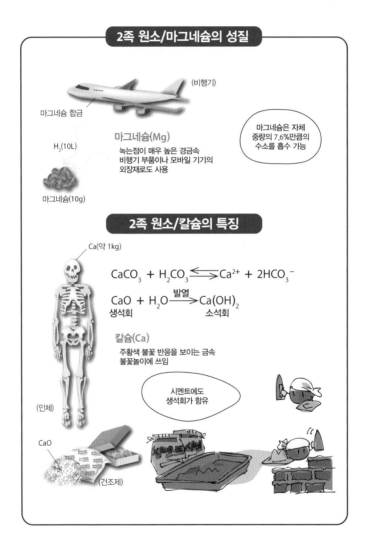

2족 원소/마그네슘의 성질

(비행기)

마그네슘 합금

마그네슘(Mg)

녹는점이 매우 높은 경금속
비행기 부품이나 모바일 기기의
외장재로도 사용

$H_2(10L)$

마그네슘(10g)

마그네슘은 자체
중량의 7.6%만큼의
수소를 흡수 가능

2족 원소/칼슘의 특징

Ca(약 1kg)

$$CaCO_3 + H_2CO_3 \rightleftharpoons Ca^{2+} + 2HCO_3^-$$

$$CaO + H_2O \xrightarrow{\text{발열}} Ca(OH)_2$$

생석회   소석회

칼슘(Ca)

주황색 불꽃 반응을 보이는 금속
불꽃놀이에 쓰임

시멘트에도
생석회가 함유

(인체)

CaO

(건조제)

2족 나머지 원소들의 성질

2족에는 개성이 풍부한 원소들이 모여 있다.

① 베릴륨 Be

베릴륨은 비중 1.84의 경금속이지만 녹는점은 2,970℃로 매우 높다. 그래서 베릴륨 합금은 가볍고 강도가 강한 데다 타격 시 발화가 잘 되지 않는다는 것이 장점이다. 그러나 독성이 매우 강해서 조심해서 다뤄야 한다는 큰 단점이 있다.

베릴륨은 X선 투과율이 높아서 X선 검출기 창문에 사용할 수 있다. 또한 원자로의 중성자 감속재로도 사용된다.

② 스트론튬 Sr

스트론튬은 비중 2.50, 녹는점 769℃의 경금속이다. 진한 붉은 색의 불꽃 반응을 보이기 때문에 불꽃놀이에 빼놓을 수 없다.

스트론튬은 방사성 원소로 매우 유명하다. 하지만 원자폭탄 등의 방사성 폐기물 중에 존재하며 방사성을 가지는 원소는 질량수 90인 동위 원소 ^{90}Sr로 자연계에는 존재하지 않는다.

③ 바륨 Ba

바륨은 비중 3.59, 녹는점 725℃의 경금속이며 물과 격렬하게 반응한다. 유독한 금속이지만 X선 조영제로서 위 등의 X선 촬영 시에는 반드시 먹어야 한다. 이때 마시는 것은 황산바륨 $BaSO_4$인데 물에 녹지 않기 때문에 인체에는 해가 되지 않는다. 황산바륨 이외의 바륨 화합물의 대부분은 독극물이다.

④ 라듐 Ra

라듐은 비중 5, 녹는점 700℃인 금속이다. 1898년 퀴리 부부가 발견했다. 방사성 원소의 대명사로 사용될 만큼 방사성이 유명하다. 라듐이 원자핵 붕괴하면 방사성 라돈 Rn이 된다. 라듐 온천은 실제로는 라돈이 함유된 온천이다. 방사선은 농도가 높으면 건강에 해롭지만 적당히 낮으면 건강에 좋다고 한다. 이를 호르메시스 효과라고 하는데 이유는 밝혀지지 않았다.

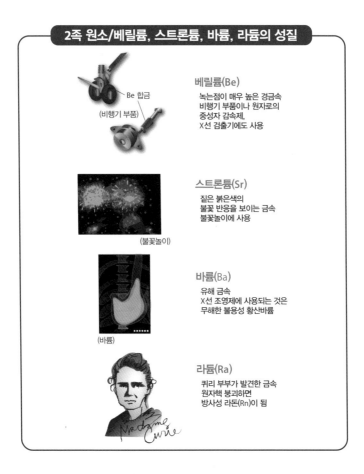

2족 원소/베릴륨, 스트론튬, 바륨, 라듐의 성질

Be 합금
(비행기 부품)

베릴륨(Be)
녹는점이 매우 높은 경금속
비행기 부품이나 원자로의
중성자 감속제,
X선 검출기에도 사용

스트론튬(Sr)
짙은 붉은색의
불꽃 반응을 보이는 금속
불꽃놀이에 사용

(불꽃놀이)

바륨(Ba)
유해 금속
X선 조영제에 사용되는 것은
무해한 불용성 황산바륨

(바륨)

라듐(Ra)
퀴리 부부가 발견한 금속
원자핵 붕괴하면
방사성 라돈(Rn)이 됨

12족 원소의 성질

12족은 아연 족이라고도 불리며 약간 특이한 금속들이 모여 있다.

① 아연 Zn

아연은 비중 7.1, 녹는점 419℃의 중금속이다. 아연과 구리의 합금은 놋쇠이며 금빛으로 빛나 아름답다. 철판에 아연을 도금한 것은 함석이라고 불리며 녹이 잘 슬지 않아 야외 간이 건조물 등에 사용된다. 화학적으로는 전지의 원형인 볼타 전지의 음극으로 친숙하다.

생리적으로 중요한 미량 원소이며 100종 이상의 효소 활성에 관여하고 있다. 결핍 시에는 정자의 형성, 미각 감지 등에 악영향이 생긴다고 한다.

② 카드뮴 Cd

일본 도야마현의 진쓰가와 강 유역에서 일어난 공해, 이타이이타이병의 원인물질로 유명하다. 카드뮴은 같은 12족의 아연과 성질이 비슷해서 아연에 섞인 형태로 산출된다. 예전에는 카드뮴에 별다른 용도가 없었기 때문에 정련 도중 불필요한 물질로 여겨 강에 흘려보냈다. 그것이 땅속으로 스며들며 흡수된 곡식을 먹었기 때문에 체내에 카드뮴이 축적된 것이 이타이이타이병의 원인이었다. 카드뮴은 현재 원자로의 중성자 흡수제로 중요시되고 있다. 또한 태양전지의 일종인 화합물 태양전지의 구성 원소로도 주목받는다.

③ 수은 Hg

수은은 비중 13.54, 녹는점 -38.9℃, 끓는점 356.7℃의 액체 금속이다. 유독성 물질로 미나마타병의 원인으로도 유명하다. 수은은 각종 금속과 진흙 같은 모양새의 합금, 아말감을 만든다. 금 아말감을 금속 위에 바르고 가열하면 수은만 증발하고 금이 남아 금도금이 된다. 경주에서 출토된 삼국 시대의 불상도 이렇게 도금되었다고 한다. 당시 증발한 수은의 증기가 경주 부근에 자욱했을 테니 아마 큰 규모의 수은 공해가 발생했을 것이다.

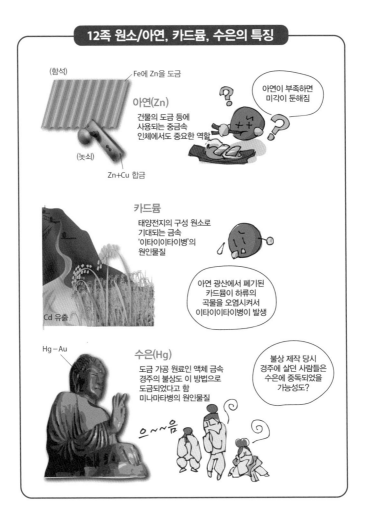

13~15족 원소

	1	2	3	4	5	6	7	8	9
1	1H 수소								
2	3Li 리튬	4Be 베릴륨							
3	11Na 나트륨	12Mg 마그네슘							
4	19K 칼륨	20Ca 칼슘	21Sc 스칸듐	22Ti 타이타늄	23V 바나듐	24Cr 크로뮴	25Mn 망가니즈	26Fe 철	27Co 코발트
5	37Rb 루비듐	38Sr 스트론튬	39Y 이트륨	40Zr 지르코늄	41Nb 나이오븀	42Mo 몰리브데넘	43Tc 테크네튬	44Ru 루테늄	45Rh 로듐
6	55Cs 세슘	56Ba 바륨	란타넘족	72Hf 하프늄	73Ta 탄탈럼	74W 텅스텐	75Re 레늄	76Os 오스뮴	77Ir 이리듐
7	87Fr 프랑슘	88Ra 라듐	악티늄족	104Rf 러더포듐	105Db 두브늄	106Sg 시보귬	107Bh 보륨	108Hs 하슘	109Mt 마이트너륨

란타넘족	57La 란타넘	58Ce 세륨	59Pr 프라세오디뮴	60Nd 네오디뮴	61Pm 프로메튬	62Sm 사마륨	63Eu 유로퓸
악티늄족	89Ac 악티늄	90Th 토륨	91Pa 프로트악티늄	92U 우라늄	93Np 넵투늄	94Pu 플루토늄	95Am 아메리슘

제7장에서는 13~15족 원소에 대해 알아보자. 이 그룹도 '전형 원소'의 일부인데 각 그룹의 첫 원소의 이름을 따서 13족은 붕소족, 14족은 탄소족, 15족은 질소족이라고 부른다.

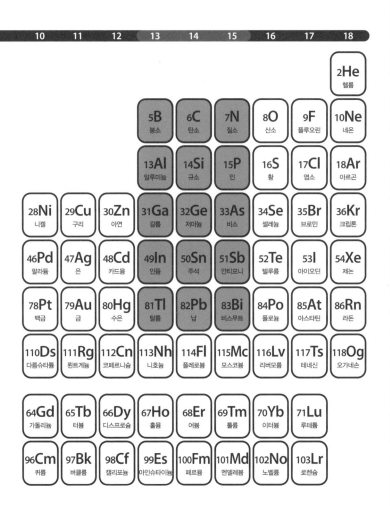

7-1

13족의 성질

13족은 13족의 첫 원소인 붕소 B의 이름을 따서 붕소족이라고도 부르지만 붕소를 제외한 원소를 토류금속이라고 칭하기도 한다.

① 전자 구조

13족 원소는 가장 바깥 껍질에 3개의 전자를 가지고 있다. 이 세 개의 전자를 방출하면 여덟 전자 규칙을 만족하기 때문에 13족 원소는 3가의 양이온이 되기 쉽다.

하지만 13족 중에서 가장 작은 원자인 붕소는 전자가 떨어지기 어려워 안정적인 이온이 되기 어렵다. 그래서 붕소는 오로지 공유 결합으로 분자를 만든다. 이때 붕소는 3개의 홀전자를 이용해 3개의 공유 결합을 한다. 이러한 성질 때문에 붕소는 비금속으로 분류된다.

이처럼 같은 족 중에서도 첫 번째 원소, 즉 2주기의 원소만이 다른 성질을 나타내는 경우가 종종 있는데 대부분은 원자의 반지름이 작기 때문이다.

그 외 알루미늄 Al부터 탈륨 Tl까지 4개의 원소는 금속으로서의 성질을 가지며 광물로 널리 존재하기 때문에 토류금속이라고 불린다. 마지막에 있는 니호늄은 성질이 뚜렷해서 토류금속으로 분류되지 않는다.

② 성질

13족에는 불꽃 반응을 보이는 것이 있는데 해당 색을 표로 정리했다.

13족 원소가 M이라고 할 때, 수소와 반응하면 수소화물 MH_3이 생성되고 산소와 결합하면 산화물 M_2O_3이 된다. 알루미늄 산화물인 산화알루미늄(알루미나) Al_2O_3은 치밀한 구조의 피막을 만들어서 더 이상의 산화를 방지한다. 이와 같은 상태를 부동태라고 한다.

또한 17족의 할로겐 원소 X와 결합하면 MX_3가 된다. 이 중 붕소와 알루미늄의 할로겐화물은 루이스산[9]의 성질이 강해서 유기 반응 촉매에 사용된다.

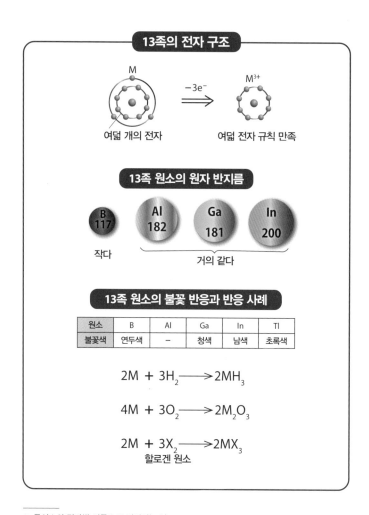

13족의 전자 구조

M $-3e^-$ M^{3+}

여덟 개의 전자   여덟 전자 규칙 만족

13족 원소의 원자 반지름

B 117   Al 182   Ga 181   In 200

작다   거의 같다

13족 원소의 불꽃 반응과 반응 사례

원소	B	Al	Ga	In	Tl
불꽃색	연두색	–	청색	남색	초록색

$$2M + 3H_2 \longrightarrow 2MH_3$$

$$4M + 3O_2 \longrightarrow 2M_2O_3$$

$$2M + 3X_2 \longrightarrow 2MX_3$$
할로겐 원소

---

9 루이스의 전자쌍 이론으로 정의되는 산

붕소와 알루미늄의 성질

13족 중에서 일상생활과 밀접한 관계가 있는 원소는 붕소와 알루미늄이다.

① 붕소 B

붕소는 비중 2.34의 가벼운 원소이지만 녹는점은 2,092℃로 매우 높다. 거무스름한 고체인데 경도가 9.5나 되어서 홑원소 물질로는 다이아몬드 다음으로 단단하다.

생활 속에서는 붕산 H_3BO_3을 섞은 것을 붕산 경단이라고 해서 바퀴벌레 퇴치에 사용한다. 붕산 수용액은 소독제 등에도 사용된다. 그리고 유리에 산화 붕소 B_2O_3를 섞은 것은 파이렉스라는 상품명으로 화학 기기나 조리기구로 이용한다. 산화 붕소를 섞으면 유리의 열팽창률이 낮아져 열을 가해도 잘 깨지지 않기 때문이다.

붕소는 그 자체로도 진성 반도체지만, 규소 Si에 섞어 p형 반도체를 만드는 데도 이용된다. p형 반도체는 태양전지의 중요한 원료이다.

② 알루미늄 Al

알루미늄은 비중 2.7, 녹는점 660℃의 경금속이다. 전기 전도도가 은, 구리 다음으로 높아서 고압선 등에 사용된다. 알루미늄 창틀로 건조물에 사용되거나 두랄루민 등의 경량 합금으로 비행기에 사용되기도 한다. 또한 알루미늄 캔이 되기도 하는 등 현대 생활에 꼭 필요한 금속이다.

알루미늄은 지각 중에 산소, 규소에 이어 세 번째로 많은 금속이지만 산화알루미늄 Al_2O_3 형태로 존재한다. 이를 환원해서 알루미늄으로 만드는 것이 매우 어려웠는데 마침내 1886년 홀과 에루가 전기분해를 통해 환원하는 기술을 확립시켰다.

하지만 350mL 알루미늄 캔 1개 분량의 알루미늄을 만드는데 20W 형광등을 15시간 연속으로 켜두는 것만큼의 전력을 필요로 한다. 그래서 고체전기 등으로도 불린다.

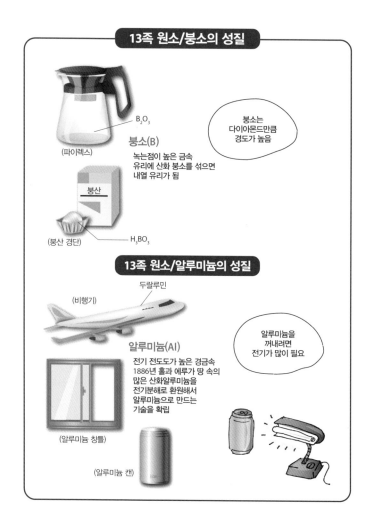

13족 원소/붕소의 성질

B_2O_3

(파이렉스)

붕소(B)

녹는점이 높은 금속
유리에 산화 붕소를 섞으면
내열 유리가 됨

붕소는
다이아몬드만큼
경도가 높음

붕산

(붕산 경단) —— H_3BO_3

13족 원소/알루미늄의 성질

두랄루민

(비행기)

알루미늄(Al)

전기 전도도가 높은 경금속
1886년 홀과 에루가 땅 속의
많은 산화알루미늄을
전기분해로 환원해서
알루미늄으로 만드는
기술을 확립

알루미늄을
꺼내려면
전기가 많이 필요

(알루미늄 창틀)

(알루미늄 캔)

13족 나머지 원소들의 성질

13족 원소는 진성 반도체 대표인 규소 Si, 저마늄 Ge을 포함한 14족의 옆에 자리한 원소이기 때문에 불순물 반도체나 화합물 반도체 등의 원료로서 반도체와 깊은 관련이 있다.

① 갈륨 Ga

갈륨은 비중 5.9의 푸르스름한 금속이며 녹는점이 29.8℃로 매우 낮다는 특징이 있다. 반면 끓는점은 2,200℃ 정도로 높은 것도 특징 중 하나이다.

15족 원소의 비소와 함께 화합물 반도체의 일종인 갈륨-비소 반도체를 만들어 각종 전자장치 소자에 필수적인 원료이다. 또한 질소와 결합한 질화갈륨 GaN은 청색 다이오드로 유명하다.

② 인듐 In

인듐은 은백색의 부드러운 금속이고 최대 용도는 투명 전극이다.

투명 전극이란 유리처럼 투명하면서 전류는 통과시키는 것으로 휴대 전화 화면, 액정 TV 화면, PC 화면 등 모든 화면에 사용되고 있다. 즉 투명 전극이 없고 모든 전극이 불투명한 금속 전극이었다면 휴대 전화도 평면TV도 화면이 전극으로 가려져 깜깜하고 아무것도 보이지 않았을 것이다.

투명 전극은 산화 인듐 In_2O_3, 산화주석 SnO_2을 유리에 진공 증착한 것이다. 인듐의 I와 주석의 영문명인 Tin의 T, 산화의 영문 표기인 Oxide의 O를 합쳐 ITO 전극이라고도 한다.

③ 탈륨 Ti

탈륨은 녹는점이 303℃로 낮고 부드러운 은백색 금속이다. 탈륨이라는 이름은 그리스어로 '녹색 잔가지'라는 뜻을 가졌다. 이것은 불꽃 반응이 녹색이어서 붙여진 이름이다. 그런데 성질은 '녹색 잔가지'를 떠올릴 수 없을 만큼 맹독성이다. 예로부터 많은 이들이 탈륨으로 인해 목숨을 잃어 왔지만, 실제 피해자의 규모가 몇 배 또는 몇 십 배인지 밝혀내기는 어렵다.

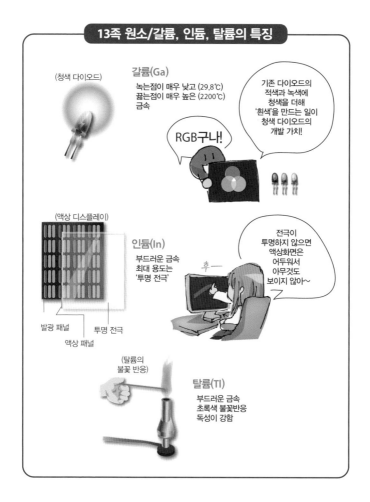

14족의 성질

14족 원소는 족의 첫 원소인 탄소 C의 이름을 따서 탄소족 원소라고 불린다.

① 전자 배치

6개의 14족 원소는 모두 가장 바깥 껍질에 4개의 전자를 원자가 전자로 가진다. 그리고 그 전자가 들어가는 최고 에너지 오비탈은 p 오비탈이다. 그래서 13족과 마찬가지로 p 구역 원소라고도 불린다.

14족은 전형 원소(1, 2, 12~18족) 중에서 거의 중앙을 차지하고 있다. 왼쪽 금속 원소무리와 오른쪽 비금속 원소무리의 중간에 자리하며 독특한 성질을 띤다. 규소 Si나 저마늄 Ge 등 홑원소 물질 자체가 반도체인 진성 반도체가 많은 점도 주기율표에서의 위치와 관련이 있다. 또 주석 Sn도 반도체의 일종이다.

6개의 원자 중 가장 작은 탄소 C와 그다음으로 작은 규소는 비금속이고, 그 아래의 저마늄, 주석은 반금속, 납 Pb 이후로는 금속이다. 14족은 전형 원소의 중앙에 위치하기 때문에 이렇게 모든 종류의 원소로 이루어진다.

② 성질

14족은 주기율표에서 위쪽 원소는 공유 결합을 하고, 아래쪽 원소는 금속 결합을 한다. 주기율표에서의 위치에 따라 결합 양식이 변화하는 것이다. 예를 들면 탄소와 규소는 공유결합화합물을 만들지만 저마늄, 주석은 공유 결합을 하는 경우와 금속 결합을 하는 경우가 있다. 반면 납은 오직 금속 결합만 한다.

탄소와 규소는 같은 원자가 여러 개 결합해서 긴 사슬 모양을 이루는 성질, 캐티네이션catenation)성을 나타낸다.

탄소와 규소는 이온이 되는 경우가 거의 없다. 그 이외에는 2가의 양이온이 되기 쉽지만 저마늄은 4가의 양이온이 된다.

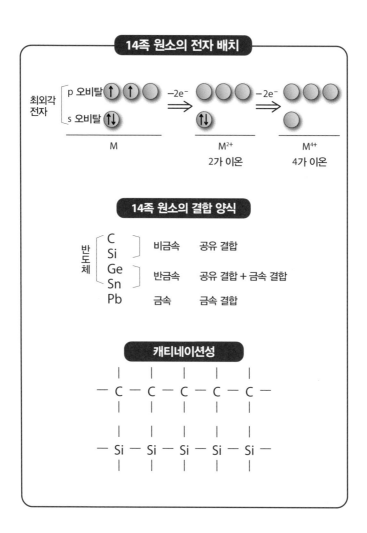

탄소와 규소의 성질

탄소 C는 유기 화합물의 주요 원소로, 규소 Si는 반도체의 중심화합물로 매우 중요한 원소이다.

① 탄소 C

탄소는 4-6에서 봤듯이 다이아몬드부터 흑연까지 많은 동소체가 있고 그에 따라 성질과 상태가 크게 달라지므로 하나로 정의하기가 어렵다.

탄소의 특징은 유기 화합물의 중심 원소로 생체의 주요 구성 원소라는 점이다. 그뿐 아니라 플라스틱 등의 고분자 화합물의 주요 원소로서 모든 산업 활동이나 사회 활동, 일상생활의 구석구석에까지 퍼져 있다.

문제가 없지는 않지만 화석 연료는 탄소 화합물이고 그 연소 에너지 없이는 현대 사회가 성립되지 않는다는 것도 확실하다. 또 최근에는 유기 초전도체나 유기 자성체, 유기 반도체, 유기 태양전지 등으로서 지금까지의 유기물의 상식을 초월한 영역까지 활약의 장을 넓히고 있다. 탄소의 활약은 앞으로도 더욱 넓어지고 계속될 것이다.

② 규소 Si

규소는 산소 O 다음으로 지구의 지각에서 두 번째로 많은 원소이다. 토사나 암석의 주요 구성 원소는 규소이다. 규소는 비중 2.33의 가벼운 원소이며 녹는점은 1,410 ℃로 높고 푸른빛이 도는 암회색 고체이다.

규소의 가장 큰 특징은 반도체성을 띤다는 점이다. 현대 사회는 전자 소자의 사회라고 할 수 있으며 전자 소자는 반도체로 이루어져 있다. 그래서 규소가 없으면 현대 사회는 뿌리부터 무너진다. 하지만 최근 규소가 품귀 현상을 보이고 가격이 급등하며 여러 분야가 어려움을 겪고 있다. 이때 필요한 규소는 일반적인 규소가 아니라 고순도 실리콘이라고 불리는 규소로 일레븐 나인의 순도, 99.999999999%인 규소이다. 이러한 실리콘을 만들기 위해서는 고도의 기술, 공장과 함께 대규모 전력이 필요하기에 가격이 비쌀 수밖에 없다. 따라서 유기물이자 같은 14족인 탄소가 주목받고 있다.

14족 원소/탄소의 성질

(연필심/그라파이트)

탄소는 다이아몬드부터 플라스틱까지 폭넓게 이용

탄소(C)

유기 화합물에 폭넓게 이용

(다이아몬드)

14족 원소/규소의 성질

(전자기판)

규소(Si)

반도체에 고순도 물질이 꼭 필요해서 가격이 폭등

규소는 흙이나 모래, 암석에 함유

반도체에는 실리콘이 꼭 필요

14족 나머지 원소들의 성질

탄소 C, 규소 Si 외의 14족 원소를 살펴보자.

① 저마늄 Ge

저마늄은 비중 5.32, 녹는점 938℃의 회색 고체이다. 저마늄은 실리콘, 즉 규소 Si와 견줄 만한 진성 반도체의 주역이었지만 지금은 온도 특성이 뛰어난 실리콘이 우위에 있다.

유리에 저마늄을 섞으면 굴절률이 높아지고 적외선을 통과해 광학계에 사용된다.

② 주석 Sn

주석은 녹는점이 232℃로 낮은 회색 금속이다. 주석은 결정형의 차이에 따라 회색인 α 주석, 흰색인 β 주석, γ 주석으로 나뉜다. 각각 비중이 달라서 α 주석은 비중 5.75, β 주석은 7.31이다. 실온에서는 비중이 크며 부피가 작은 β 주석이지만 -30℃ 정도가 되면 부피가 큰 α 주석으로 바뀌어 주석 제품은 무너져 내린다. 이를 주석의 질병으로 간주해 주석 페스트라고도 한다. 161℃에서는 γ 주석이 된다.

주석은 식기로 사용되는 것 외에도 철판에 도금되어 양철이 되기도 한다. 또한 액정표시장치 등의 투명 전극 재료로 사용된다.

③ 납 Pb

납은 비중 11.4, 녹는점 328℃의 부드러운 청회색 중금속이다. 납축전지와 납땜 재료, 혹은 낚시 추로 인류에게 친숙한 금속이었지만 유해성이 밝혀지면서 점차 사용되지 않고 있다.

젊었을 때는 총명했던 로마 황제 네로가 나중에 그렇게 미치광이 같은 행동을 한 원인이 납 중독에 있다는 설도 있다. 당시 신 와인을 납 냄비로 가열한 탓에 와인의 주석산이 달콤한 주석산 납으로 변했고 네로가 그것을 꿀꺽꿀꺽 마셨다는 말이다.

크리스털 글라스에는 굴절률을 높이기 위해 25% 정도의 산화납 PbO_2이 혼입된다. 방사선의 차폐재로도 빼놓을 수 없는 소재이다.

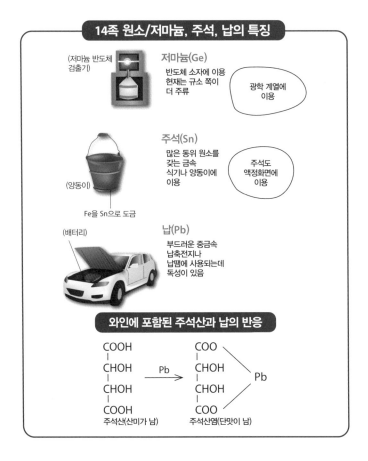

14족 원소/저마늄, 주석, 납의 특징

(저마늄 반도체 검출기)

저마늄(Ge)
반도체 소자에 이용
현재는 규소 쪽이
더 주류

광학 계열에 이용

주석(Sn)
많은 동위 원소를
갖는 금속
식기나 양동이에
이용

주석도
액정화면에
이용

(양동이)

Fe을 Sn으로 도금

(배터리)

납(Pb)
부드러운 중금속
납축전지나
납땜에 사용되는데
독성이 있음

와인에 포함된 주석산과 납의 반응

COOH
|
CHOH
|
CHOH
|
COOH
주석산(산미가 남)

→ Pb

COO
|
CHOH
|
CHOH
|
COO
주석산염(단맛이 남)

Pb

15족의 성질

15족 원소는 족의 첫 원소명을 따와서 질소족 원소라고 부른다. 질소 N, 인 P, 비소 As는 비금속이고, 안티모니 Sb와 비스무트 Bi는 반금속으로 완전한 금속 원소가 존재하지 않는 첫 번째 족이다.

① 전자 구조

15족은 가장 바깥 껍질에 5개의 원자가 전자를 가지고 있으며, 그중 3개는 p 오비탈로 들어가서 3개의 홀전자가 된다.

따라서 3개의 전자를 추가로 받아들이면 가장 바깥 껍질이 여덟 전자 규칙을 만족한다. 그래서 일반적으로 3가의 음이온이 되기 쉬운 경향을 띤다. 하지만 주기율표 위쪽에 있는 질소와 인은 이온화되지 않고 결합은 오로지 공유 결합으로 형성된다. 그런 경우에는 3개의 홀전자를 사용해 3개의 공유 결합을 할 수 있다.

15족은 14족 옆에 있고 원자가 전자가 1개 더 있다. 그에 따라 14족에 소량을 섞어 전자 과잉 n형 반도체를 만드는 데 사용된다. 또 13족과 동등한 몰의 개수만큼 혼합한 등몰 혼합물은 화합물 반도체로 각종 전자 소자나 화합물 태양전지에 이용된다. 인, 비소, 안티모니는 모두 타오르면서 푸른 불꽃 반응을 보인다. 이것을 보고 옛날에는 도깨비불이라고 했을지도 모른다.

② 성질

15족 원소는 위에서 살펴본 바와 같이 주기율표 위쪽의 원소는 공유 결합으로 결합하고 하단의 원소는 공유 결합 혹은 금속 결합으로 결합한다.

15족 원소를 M이라고 하면 수소화물일 때 모든 원소에 대해 3개의 수소와 결합한 MH_3이 된다. 한편 산화물일 때는 M_2O_3이 되어 공유 결합 시 모두 결합수 3개, 즉 3가로 반응한다. 그렇지만 질소와 인은 여러 산화물을 만들 어낸다. 인의 산화물에는 P_4O_6, P_4O_8, P_4O_{10}이 있다. 질소 산화물은 일반적으로 NOx(녹스)라고 하는데 분자식과 성상을 표에 나타냈다. 한편 할로겐화물은 3가로서 MX_3를 만드는 경우와 5가로서 MX_5를 만드는 경우가 있다.

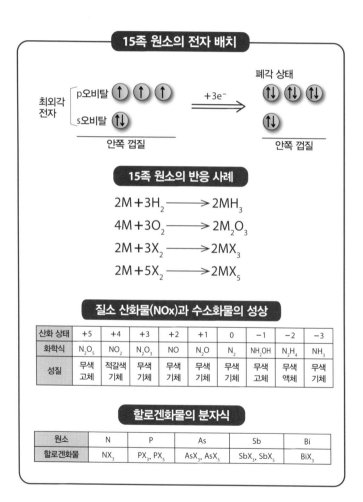

15족 원소의 전자 배치

최외각 전자

p오비탈
s오비탈

안쪽 껍질

$+3e^-$

폐각 상태

안쪽 껍질

15족 원소의 반응 사례

$$2M + 3H_2 \longrightarrow 2MH_3$$
$$4M + 3O_2 \longrightarrow 2M_2O_3$$
$$2M + 3X_2 \longrightarrow 2MX_3$$
$$2M + 5X_2 \longrightarrow 2MX_5$$

질소 산화물(NOx)과 수소화물의 성상

산화 상태	+5	+4	+3	+2	+1	0	−1	−2	−3
화학식	N_2O_5	NO_2	N_2O_3	NO	N_2O	N_2	NH_2OH	N_2H_4	NH_3
성질	무색 고체	적갈색 기체	무색 기체	무색 기체	무색 기체	무색 기체	무색 고체	무색 액체	무색 기체

할로겐화물의 분자식

원소	N	P	As	Sb	Bi
할로겐화물	NX_3	PX_3, PX_5	AsX_3, AsX_5	SbX_3, SbX_5	BiX_3

질소와 인의 성질

질소와 인은 둘 다 유기 화합물에 포함되며 생체를 구성하는 중요한 원소이다.

① 질소 N

질소는 무색 기체이며 공기 중에 부피로 80% 정도 함유되어 있다. 반응성이 떨어지기 때문에 포장 안에 공기 대신 넣어 보존성을 높인다.

1기압 하에서 -196℃(77K)로 냉각하면 액체질소가 되어 간편한 냉매로 이용된다. 반대로 110만 기압, 1,700℃로 가열 압축하면 많은 질소 원자가 결합수 3개씩으로 그물 모양의 결합을 한 폴리 질소가 된다. 폴리 질소는 매우 많은 내부 에너지를 축적하고 있어서 현재 가장 강력한 폭탄보다 5배의 폭발력을 가질 것으로 보인다.

질소는 식물의 3대 영양소 중 하나이며 화학 비료의 원료로 중요하다. 공업적인 공중 질소 고정은 하버-보슈법에 따라 수소와 질소의 직접 반응을 통해 암모니아 NH_3를 만드는 것으로 한다.

질소는 화석 연료에 함유되어 있어서 연소에 따라 NOx라고 불리는 각종 산화물이 생겨난다. 이것이 산성비나 광화학 스모그의 원인으로 추정된다.

② 인 P

인에는 백린, 자린, 흑린의 동소체가 있고 백린과 자린의 혼합물로 황린이나 적린이 있다. 백린은 강한 독성을 가지고 있지만, 그 이외의 동소체는 무독하며 적린은 성냥에 사용된다.

인은 생체 내에서 유전을 담당하는 핵산(DNA, RNA)의 중요한 구성 요소이며 에너지 저장 물질인 ATP의 구성 원소라는 점 등 중요한 역할을 한다. 그래서 식물의 3대 영양소 중 하나이기도 하다.

반면 사린 등 화학무기와 각종 살충제에 사용되어 신경계에 해를 끼치는 등 강력한 독극물의 구성 요소가 되기도 한다.

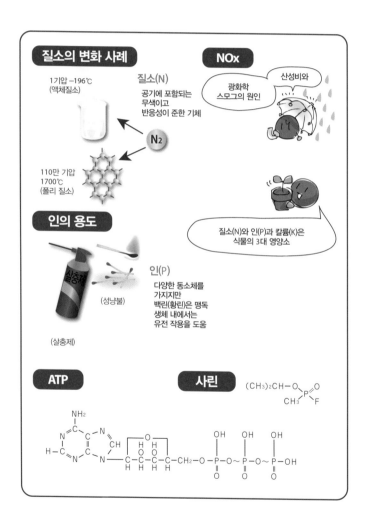

15족 나머지 원소들의 성질

15족 원소는 생체에 커다란 영향을 미치는 원소의 집합이다. 질소는 아미노산의 구성 요소이며 인은 DNA와 ATP의 구성 요소이다. 그 외의 15족 원소들도 생체에 영향을 미친다.

① 비소 As

비소는 비중 5.78, 녹는점 817℃의 고체이며 회색의 금속 비소, 황색 비소, 흑색 비소, 이렇게 3종의 동소체가 있다. 회색 비소는 마늘 냄새가 나고 황색 비소는 투명하며 왁스 재질이다.

비소의 독성은 예로부터 유명해 수많고 유명한 암살 사건에 이용되었다. 나폴레옹이 비소에 독살되었는지 명확하지는 않지만 르네상스 시대의 교황 알렉산드르 6세와 자녀들이 비소를 중심으로 한 독극물을 사용해 정적을 계속해서 매장해 온 것은 확실해 보인다. 사극에서 흔히 사약이라고 불리는 독극물의 재료도 비소이다. 비소는 화합물 반도체의 중요한 원료이며 비소화 갈륨(갈륨비소) GaAs은 발광 다이오드로 중요한 역할을 한다.

② 안티모니 Sb

안티모니는 비중 6.7, 녹는점 630℃로 은백색의 단단하고 여린 고체이다. 그리고 독성이 있다.

고대 이집트에서는 황화안티모니 Sb_2S_3가 아이섀도로 사용되었다고 한다. 미용의 의미도 있었겠지만, 눈 주위에 몰려드는 벌레를 줄이는 방법으로도 사용하고 있었다고 하니 주요 용도는 독극물 쪽이었던 것 같다. 중세 유럽에서는 약으로도 사용되었다고 하지만, 토사제나 설사약이라는 점을 생각하면 이것 또한 일종의 독이었을 것이다.

예전에는 플라스틱이나 섬유 난연제로 사용되었지만 현재는 사용되지 않는다.

③ 비스무트 Bi

비중 9.74, 녹는점 271 ℃인 고체이다. 고체 표면의 산화피막은 얇고 복잡한 구조여서 색의 간섭이 일어나 아름다운 색채를 띤다. 정장제의 원료가 되며 납의 대체품으로 납땜이나 산탄 총탄, 낚시 추, 활판 등으로도 이용된다.

15족 원소/비소, 안티모니, 비스무트

비소(As)
독성으로 유명하지만
화합물 반도체로
발광 다이오드에도 이용

안티모니(Sb)
예로부터
미용이나 약물,
난연제로도 이용
독성이 있음

비스무트(Bi)
매우 무른 금속
납의 대체재로
다양한 용도로 사용

※사진은 인공결정

16～18족 원소

	1	2	3	4	5	6	7	8	9
1	1H 수소								
2	3Li 리튬	4Be 베릴륨							
3	11Na 나트륨	12Mg 마그네슘							
4	19K 칼륨	20Ca 칼슘	21Sc 스칸듐	22Ti 타이타늄	23V 바나듐	24Cr 크로뮴	25Mn 망가니즈	26Fe 철	27Co 코발트
5	37Rb 루비듐	38Sr 스트론튬	39Y 이트륨	40Zr 지르코늄	41Nb 나이오븀	42Mo 몰리브데넘	43Tc 테크네튬	44Ru 루테늄	45Rh 로듐
6	55Cs 세슘	56Ba 바륨	란타넘족	72Hf 하프늄	73Ta 탄탈럼	74W 텅스텐	75Re 레늄	76Os 오스뮴	77Ir 이리듐
7	87Fr 프랑슘	88Ra 라듐	악티늄족	104Rf 러더포듐	105Db 두브늄	106Sg 시보귬	107Bh 보륨	108Hs 하슘	109Mt 마이트너륨

란타넘족	57La 란타넘	58Ce 세륨	59Pr 프라세오디뮴	60Nd 네오디뮴	61Pm 프로메튬	62Sm 사마륨	63Eu 유로퓸
악티늄족	89Ac 악티늄	90Th 토륨	91Pa 프로트악티늄	92U 우라늄	93Np 넵투늄	94Pu 플루토늄	95Am 아메리슘

제8장에서는 16~18족 그룹에 대해서 살펴보자. 이 그룹도 '전형 원소'의 일부이지만 족의 첫 원소의 이름을 따서 16족은 산소족이라고 부른다. 그리고 17족은 염을 만드는 성질을 가져서 '할로겐 원소', 18족은 희소한 기체 원소여서 '희유기체 원소'라고 부른다.

10	11	12	13	14	15	16	17	18
								2He 헬륨
			5B 붕소	6C 탄소	7N 질소	8O 산소	9F 플루오린	10Ne 네온
			13Al 알루미늄	14Si 규소	15P 인	16S 황	17Cl 염소	18Ar 아르곤
28Ni 니켈	29Cu 구리	30Zn 아연	31Ga 갈륨	32Ge 저마늄	33As 비소	34Se 셀레늄	35Br 브로민	36Kr 크립톤
46Pd 팔라듐	47Ag 은	48Cd 카드뮴	49In 인듐	50Sn 주석	51Sb 안티모니	52Te 텔루륨	53I 아이오딘	54Xe 제논
78Pt 백금	79Au 금	80Hg 수은	81Tl 탈륨	82Pb 납	83Bi 비스무트	84Po 폴로늄	85At 아스타틴	86Rn 라돈
110Ds 다름슈타튬	111Rg 뢴트게늄	112Cn 코페르니슘	113Nh 니호늄	114Fl 플레로븀	115Mc 모스코븀	116Lv 리버모륨	117Ts 테네신	118Og 오가네손

64Gd 가돌리늄	65Tb 터븀	66Dy 디스프로슘	67Ho 홀뮴	68Er 어븀	69Tm 툴륨	70Yb 이터븀	71Lu 루테튬
96Cm 퀴륨	97Bk 버클륨	98Cf 캘리포늄	99Es 아인슈타이늄	100Fm 페르뮴	101Md 멘델레븀	102No 노벨륨	103Lr 로렌슘

16족의 성질

16족은 족의 첫 원소인 산소의 이름을 따서 산소족이라고 한다. 또는 산소 O를 제외한 원소를 칼코겐 원소라고 부르기도 한다. 칼코겐이란 그리스어로 돌을 만드는 것이라는 의미이다. 황 S, 셀레늄 Se 등이 광물에 풍부하게 함유되어 붙여졌다.

① 전자 배치

16족 원소는 가장 바깥 껍질에 6개의 원자가 전자를 가지고 있다. 그래서 또 2개의 전자가 더해지면 가장 바깥 껍질인 s 오비탈, p 오비탈이 가득 차서 여덟 전자 규칙을 만족해 안정화 된다. 그 결과 2가의 음이온이 되려는 경향이 있다. 전자를 끌어당기는 정도가 강해서 전기 음성도가 같은 주기라면 오른쪽 옆에 있는 17족의 할로겐 원소 다음으로 크다.

6개의 원자가 전자 중 4개는 p 오비탈에 들어가 있어서 홀전자는 2개가 된다. 따라서 공유 결합 결합수의 개수는 2개가 된다.

② 성질

16족 원소는 산소만 기체고 그 외에는 고체이다. 모든 원소가 동소체를 가지며 특히 황은 많은 동소체가 있다. 반응성이 높은 원소가 많아 주기율표 위쪽의 산소, 황, 셀레늄은 공유 결합을 하지만 아래쪽의 텔루륨 Te, 폴로늄 Po은 금속 결합을 한다.

16족 원소를 M이라고 하면 수소와 반응할 때 일반식 H_2M의 수소화물이 된다. 수소화물의 안정성은 주기율표 위쪽일수록 안정적이며 $H_2O \rangle$ $H_2S \rangle H_2Se \rangle H_2Te \rangle H_2Po$ 순이다. 산화물은 1개의 산소와 결합한 MO 외에 2개, 3개의 산소와 결합해 MO_2, MO_3을 만들기도 한다.

할로겐화물은 일반적으로 2개의 할로겐 원자 X와 결합한 MX_2가 되지만 4개, 6개와 결합한 MX_4나 MX_6 등도 있다. 하지만 X_2On, X_4On 등 할로겐 원자에 여러 개의 산소가 결합하며 산소로 다리를 놓은 것과 같은 복잡한 구조의 산화물을 생성하기도 한다.

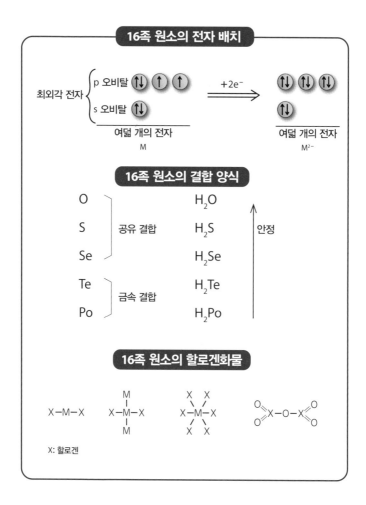

산소와 황의 성질

산소 O와 황 S은 반응성이 매우 높은 원소로 많은 금속 원소와 반응해 산화물과 유화 광물을 만든다.

① 산소 O

산소에는 2개의 원자가 결합한 산소분자 O_2와 3개의 원자가 결합한 오존 분자 O_3라는 2종류의 동소체가 있다.

산소분자는 공기 부피의 20% 정도를 차지하는 기체이며 오존은 성층권 일부에 오존층이라고 불리는 층을 만들어 존재한다. 오존층은 지구에 쏟아지는 유해한 우주 광선을 흡수해 지구를 지키지만, 프레온에 의해 분해되기 때문에 남극 상공에 오존홀이 생겨 문제가 된다.

산소분자는 자성이 있어서 액체 산소는 강한 자석에는 흡입된다. 하지만 기체의 공기는 운동 에너지가 크기 때문에 강력한 자석에도 빨려들지 않는다.

산소의 무게는 지각 구성 원자의 50%에 육박하는데 이는 산화물을 형성하기 때문이다.

② 황 S

황은 30종 이상의 동소체를 가지고 있다. 일반적인 황은 황 원자 8개가 고리 모양으로 결합한 S_8 황이다. S_8 황은 결정형의 차이에 따라서 α 황, β 황, γ 황의 3종이 있다. 이들을 250℃ 이상으로 가열하면 많은 원자가 직쇄 형태로 결합한 고무 황, 즉 황 플라스틱으로 변화한다.

황화수소 H_2S는 공기보다 무겁고 삶은 달걀 같은 냄새가 나는데 농도가 높아지면 인간의 후각이 마비되어 냄새를 맡지 못하게 된다. 황화수소는 맹독이므로 화산 지대 등 황화수소가 분출할 가능성이 있는 곳에서는 엄중한 주의가 필요하다.

황과 산소의 화합물은 일반적으로 SOx(삭스)라고 불리며 많은 종류가 있는데 그중 일부를 표로 나타냈다. 산화물의 종류가 많아서 산화물을 바탕으로 하는 산인 옥소산에도 많은 종류가 있다.

오존 분자가 분해되어 오존홀이 생김

우주선(宇宙線)
오존홀
오존층

액체 산소에는 자성이 있음

액체 산소는 자석에 끌려감

산소(O)

공기의 약 20%를 차지하는 기체 산소 동소체가 오존 분자

황의 동소체

	녹는점	색
α황	112.8℃	담황색
β황	117.6℃	담황색
γ황	106.8℃	담황색

SOx(산소와 황의 화합물)의 종류

	SOx			
화학식	SO	SO_2	SO_3	SO_4
상태	기체	기체	고체	고체

황의 옥소산 사례

술폭실산	H_2SO_2	염으로 존재
아황산	H_2SO_3	수용액으로 존재
황산	H_2SO_4	mp(녹는점): 10.5℃
이황산	$H_2S_2O_7$	mp: 35℃
티오황산	$H_2S_2O_3$	염으로 존재

16족 나머지 원소들의 성질

주기율표 상부의 질소, 황은 공유 결합성 비금속 원소이지만 그 아래에 있는 셀레늄, 텔루륨은 반금속, 가장 아래에 있는 폴로늄은 금속 원소이다.

① 셀레늄 Se

셀레늄에는 몇 가지 동소체가 있는데, 잘 알려진 것은 회색 금속 셀레늄으로 비중 4.82, 녹는점 217℃의 고체이다.

셀레늄은 인체의 필수 원소이며 결핍되면 심부전 등의 증상을 일으킨다. 단, 적당량과 중독량의 차이가 적어서 지나치면 중독 증상을 일으키고 생명을 위협할 수도 있다.

셀레늄은 빛을 조사받으면 전기가 흐르게 되는 광전도성이 있어서 복사기의 드럼에 이용된다.

② 텔루륨 Te

텔루륨은 비중 6.24, 녹는점 450℃의 은백색으로 마늘 냄새가 나는 반금속이다. 홑원소 물질은 물론 텔루륨 화합물에도 독성이 있는 것이 있으므로 조심히 다뤄야 한다.

텔루륨과 비스무트 Bi 혹은 셀레늄 Se를 조합한 반도체는 페르티에 효과를 보여준다. 이는 이 반도체 조합에 전류를 흐르게 하면 한쪽은 발열하고 한쪽은 흡열한다는 말이다. 반대로 한쪽을 가열 혹은 냉각시키면 발전하는 것을 제벡 효과라고 부른다.

페르티에 효과를 이용한 냉장고는 가동 소리가 조용해서 침실용 냉장고로 호텔 등에서 이용된다.

③ 폴로늄 Po

폴로늄은 비중 9.2, 녹는점 254℃의 금속이다. 1898년 퀴리 부부에 의해 발견되어 발견자의 고국 폴란드의 이름을 따서 명명되었다. 방사성이며 원자핵 붕괴(1-7 참조)한다.

체내에 들어갔을 때 독성의 강도는 전체 원소 중 1, 2위를 다툰다고 하는데 α선은 피부를 통과하지 않기 때문에 체내에 들어가지 않는 한 독성이 그렇게 강하지는 않다. 하지만 주의해야 할 원소이다.

의료에서의 α입자 원천이나 그를 이용한 원자력 전지에 이용된다.

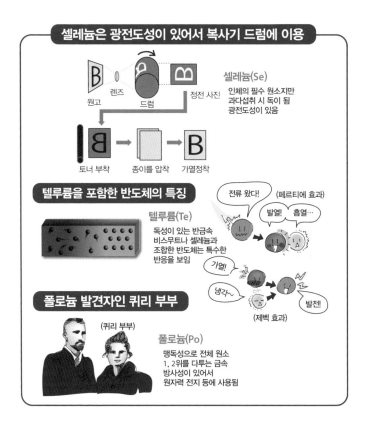

셀레늄은 광전도성이 있어서 복사기 드럼에 이용

원고　렌즈　드럼　정전 사진

셀레늄(Se)
인체의 필수 원소지만 과다섭취 시 독이 될 광전도성이 있음

토너 부착　종이를 압착　가열정착

텔루륨을 포함한 반도체의 특징

텔루륨(Te)
독성이 있는 반금속 비스무트나 셀레늄과 조합한 반도체는 특수한 반응을 보임

전류 왔다!　(페르티에 효과)
발열!　흡열…

가열!
냉각~
(제벡 효과)
발전!

폴로늄 발견자인 퀴리 부부

(퀴리 부부)

폴로늄(Po)
맹독성으로 전체 원소 1, 2위를 다투는 금속 방사성이 있어서 원자력 전지 등에 사용됨

17족의 성질

17족은 할로겐 원소라고 부른다. 할로겐이란 산과 염기의 중화반응으로 생성하는 염을 만든다는 의미이다. 일반적으로 기호 X로 표시한다.

① 전자 구조

17족 원소는 가장 바깥 껍질에 7개의 원자가 전자를 가지고 있다. 그래서 1개의 전자를 받으면 여덟 전자 규칙을 만족하기 때문에 1가의 음이온이 되려는 경향이 매우 강하다. 또한 전기 음성도도 같은 주기 원소 중에서는 가장 크다. 그중에서도 플루오린 F은 전자를 빼앗아 음이온의 플루오린 이온 F^-이 되려는 경향이 매우 강하기 때문에 가장 강력한 산화제이다.

7개의 원자가 전자 중 5개는 p 오비탈에 들어가기 때문에 홀전자는 1개뿐이고 공유 결합에서는 단 1개의 결합수밖에 없다.

② 성질

주기율표 위쪽은 기체이고 아래쪽으로 가면 액체, 고체가 된다. 즉 플루오린 F은 연노랑 기체, 염소 Cl은 담황록색 기체인데 브롬 Br은 적갈색 액체이고 아이오딘 I은 흑자색으로 금속광택이 있는 승화성 고체, 아스타틴 At은 금속광택을 가진 고체가 된다.

할로겐 원소가 지각 중에 존재하는 비율은 플루오린 〉염소 〉브롬 〉아이오딘 순으로 주기율표 윗부분일수록 많아진다. 하지만 해수에는 염소가 대량으로 존재한다. 한편 방사성 아스타틴은 가장 긴 반감기도 At의 8.1시간밖에 되지 않기 때문에 자연계에는 거의 존재하지 않는다. 우라늄 U의 원자핵 붕괴 생성물로서 매우 낮은 농도로만 존재할 뿐이다.

할로겐 원소는 다양한 형태의 산화물을 만든다. 이때 결합수 개수의 경우, 플루오린은 항상 1개이지만 염소는 1개부터 7개까지 변화한다.

할로겐 원소는 유기물에 들어가 여러 종류의 유기 할로겐화물을 만든다. 그중에는 갑상선 호르몬처럼 생체에서 중요한 작용을 하는 원소가 있는 반면 PCB나 다이옥신처럼 해로운 원소도 있다.

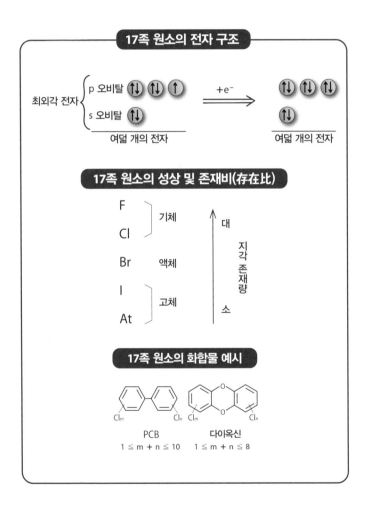

17족 원소의 전자 구조

최외각 전자 {
p 오비탈
s 오비탈
}
여덟 개의 전자

$+e^-$

여덟 개의 전자

17족 원소의 성상 및 존재비(存在比)

F
Cl   기체   대

Br   액체   지각 존재량

I
At   고체   소

17족 원소의 화합물 예시

PCB   다이옥신
$1 \leq m + n \leq 10$ $1 \leq m + n \leq 8$

플루오린과 염소의 성질

플루오린과 염소는 우리 일상생활과 깊은 연관이 있다.

① 플루오린 F

플루오린은 자연계에서 주성분이 플루오린화칼슘 CaF_2인 형석 등에 포함된다. 맹독이지만 인체에도 소량 함유된 미량 원소이다. 하지만 필요량과 초과량의 차이가 적어서 의도적인 섭취 시에는 주의가 필요하다. 과도하게 섭취하면 골경화증, 지질과 당의 대사 장애가 일어난다. 치아를 튼튼하게 하는 작용이 있어서 수돗물에 넣자고 주장하는 사람도 있다.

매우 강력한 산화력이 있어서 거의 모든 원소와 반응한다. 물과도 반응해 플루오린화수소 HF와 산소 O_2를 발생시킨다. 플루오린화수소는 강력한 산이어서 유리마저도 녹이기 때문에 유리의 에칭(etching) 등에 사용된다.

플루오린은 고분자의 일종인 플루오린수지, 상품명으로는 테플론의 원료로 사용된다. 플루오린수지는 마찰계수가 작아서 프라이팬 등에 발라두면 눌어붙는 현상을 방지할 수 있다.

② 염소 Cl

염소는 식염인 염화나트륨 NaCl으로 해수에 많이 함유되어 있어서 식염을 전기 분해해서 얻을 수 있다.

독성이 강해서 제1차 세계대전에서는 전쟁터에서 독가스로 사용되었다. 강한 표백·살균작용이 있어서 염소 화합물은 표백제나 수돗물 살균 등에 사용된다.

염소는 각종 공업제품에 빼놓을 수 없는 존재이다. 플라스틱으로서 대량으로 사용되는 폴리염화비닐은 염화비닐을 고분자화한 것이다. 프레온은 탄소, 플루오린, 염소 화합물로 끓는점이 낮아서 각종 스프레이나 냉매,

발포제, 나아가 정밀 전자기기 세정제로 대량 생산되고 사용되었으나 오존층의 오존을 파괴해서 오존홀을 만든다는 이유로 생산이 중지되었다. 또한 DDT 등 염소계 살충제도 과거에는 대량으로 생산되었으나 환경을 오염시키기 때문에 현재는 사용되지 않는다.

17족 원소/플루오린의 성질

플루오린은 이를 튼튼하게 함[10]

플루오린(F)
인체의 필수 원소이지만 독성이 있음 프라이팬 등의 코팅제로 사용

(테플론 가공)
$(CF_2)_n$

17족 원소/염소의 성질

염소는 소독으로 사용되는 친근한 원소이지만 독성이 강함

염소(Cl)
식염을 전기 분해해서 얻지만 강한 독성이 있음 각종 공업제품의 필수 소재

(수돗물의 소독)

프레온의 성질

물질	화학식	끓는점(℃)	용도
프레온11	CCl_3F	23.8	발포, 에어로졸, 냉매
프레온12	CCl_2F_2	−30.0	냉매, 발포, 에어로졸
프레온113	$CClF_2CCl_2F$	47.6	세정제, 용제
프레온114	$CClF_2CClF_2$	3.8	냉매
프레온115	$CClF_2CF_3$	−39.1	냉매

---

10 불소 치약의 '불소'가 플루오린의 옛 이름이다.

17족 나머지 원소들의 성질

할로겐 원소는 특징 있는 성상과 반응성을 가진다.

① 브롬 Br

브롬은 비중 3.12의 무겁고 검붉은 액체이다. 녹는점은 -7.3℃, 끓는점은 58.8℃이기 때문에 추우면 고체가 되고 조금 데우면 기체가 된다. 자극적인 냄새가 나고 맹독성이어서 주의해서 다뤄야 한다.

천연으로는 고급 천연염료인 티리언 퍼플에 함유되어 있으며 산업적인 용도로는 사진필름의 감광재인 브로민화은 AgBr의 원료로 사용되었다. 브롬 화합물은 프레온과 마찬가지로 오존층을 파괴하는 단점이 있어서 점차 사용하지 않는 추세이다.

② 아이오딘

아이오딘은 비중 4.93, 녹는점 185℃의 검붉고 금속광택을 가진 고체이다. 액체를 경유하지 않고 고체에서 즉시 기체가 되는 승화성을 가졌다. 천연으로는 해수에 함유되어 있지만 생물 농축되어 해조에 다량 함유되어 있다. 또 인간의 갑상선 호르몬인 티록신의 구성 요소이자 인체의 필수 원소이기도 하다.

핵분열에서는 아이오딘 동위 원소인 ^{131}I이 발생하는데 이는 방사성이며, 만일 체내로 흡수되면 갑상선에 쌓여 암을 유발한다. 따라서 원자로 사고 시에는 ^{131}I이 흡수되지 않도록 갑상선을 일반 아이오딘으로 포화시켜 두기 위해 ^{127}I을 마셔야 한다고 알려져 있다.

아이오딘은 소독작용이 있어서 알코올에 녹인 것을 아이오딘팅크[11] 라고

---

11 아이오딘의 옛 이름이 요오드이기 때문에 요오드팅크라고도 부른다.

부르며 소독약에 사용한다.

③ 아스타틴 At

아스타틴은 방사성 원소이다. 반감기는 가장 긴 ^{210}At도 8시간 정도밖에
되지 않는다. 그래서 자연계에는 존재하지 않고 원자로에서 인공적으로 만
들어진다. 게다가 지금까지 눈에 띄는 용도도 없어서 대량으로 만들어진 적
도 없다. 그렇기 때문에 물성도 잘 알려지지 않은 비밀에 싸인 원소이다. 하
지만 α선의 에너지원으로 암 치료 등에 사용될 가능성이 생겼기 때문에 앞
으로는 대량 합성될지도 모른다.

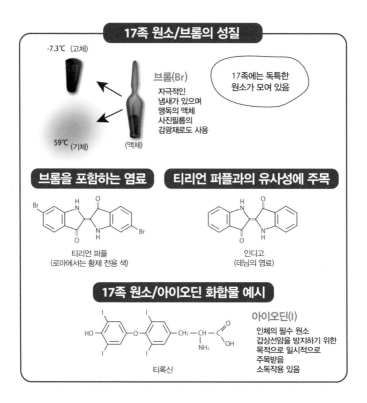

17족 원소/브롬의 성질

-7.3℃ (고체)

브롬(Br)

자극적인
냄새가 있으며
맹독의 액체
사진필름의
감광재로도 사용

17족에는 독특한
원소가 모여 있음

59℃ (기체)   (액체)

브롬을 포함하는 염료

티리언 퍼플
(로마에서는 황제 전용 색)

티리언 퍼플과의 유사성에 주목

인디고
(데님의 염료)

17족 원소/아이오딘 화합물 예시

아이오딘(I)

인체의 필수 원소
갑상선암을 방지하기 위한
목적으로 일시적으로
주목받음
소독작용 있음

티록신

18족의 성질

18족 원소는 희유기체 원소라고 부른다. 자연계에 적고 희소한 기체 원소여서 반응성이 낮고 고상함을 유지한다는 의미가 담겨 있다.

① 전자 구조

18족 원소는 가장 바깥 껍질인 s 오비탈, p 오비탈을 가득 채우고 총 8개의 전자를 가져서 여덟 전자 규칙을 만족했다.

그뿐 아니라 가장 바깥 껍질보다 안에 있는 껍질도 바로 안쪽 껍질은 d 오비탈까지, 그 아래 안쪽 껍질은 f 오비탈까지 가득 채워 거의 완전한 폐각 상태이다. 따라서 전자를 배출하거나 끌어당겨서 더욱 안정시키지 않아도 된다.

그에 따라 18족 원소는 이온화될 수 없으며 공유 결합을 할 수도 없다. 즉 원자 상태에서 완전히 안정된 상태이다. 물론 같은 원자끼리 결합하지도 않는다. 분자를 만드는 일이 없다는 말이다. 원자 자체가 홑원소 물질로서 자연계에 존재한다. 그래서 18족의 원자를 특히 '단원자 분자' 같은 분자의 정의에 어긋나는 이름으로 부르기도 한다.

② 성질

하지만 위에서 언급한 내용은 표면적인 내용으로 희유기체 원소도 자세히 살펴보면 활동 범위가 넓어지고 있다.

먼저 존재량의 경우, 아르곤 Ar은 공기 중에 0.9%나 포함되어 있다. 이산화탄소 CO_2의 30배로 결코 적은 양이 아니다. 게다가 반응성도 없지 않아서 특히 주기율표 아래쪽의 원소는 상당히 많은 종류의 분자를 만드는 것으로 알려져 있다.

최초로 합성된 $XePtF_6$을 비롯해 XeF_4, XeO_3 등의 제논 화합물과 KrF_2 등의 크립톤 화합물, 나아가 2000년에는 아르곤도 $HArF$를 만든다는 점이 밝혀졌다. 산소를 제외하면 상대는 주로 플루오린이며, 이는 플루오린의 높은 반응성을 증명하는 예로도 사용된다.

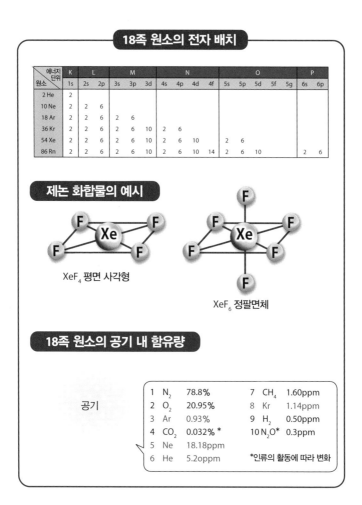

18족 원소의 전자 배치

에너지단위 원소	K	L		M			N				O					P	
	1s	2s	2p	3s	3p	3d	4s	4p	4d	4f	5s	5p	5d	5f	5g	6s	6p
2 He	2																
10 Ne	2	2	6														
18 Ar	2	2	6	2	6												
36 Kr	2	2	6	2	6	10	2	6									
54 Xe	2	2	6	2	6	10	2	6	10		2	6					
86 Rn	2	2	6	2	6	10	2	6	10	14	2	6	10			2	6

제논 화합물의 예시

XeF_4 평면 사각형

XeF_6 정팔면체

18족 원소의 공기 내 함유량

공기

1	N_2	78.8%	7	CH_4	1.60ppm
2	O_2	20.95%	8	Kr	1.14ppm
3	Ar	0.93%	9	H_2	0.50ppm
4	CO_2	0.032% *	10	N_2O*	0.3ppm
5	Ne	18.18ppm			
6	He	5.2oppm		*인류의 활동에 따라 변화	

헬륨과 네온의 성질

희유기체 원소는 분자를 만들지 않지만 그렇다고 해서 우리 생활과 무관한 것은 아니다.

① 헬륨 He

헬륨은 기체 중에서 수소 다음으로 가볍다. 기구에 채워 부력을 얻기 위해서는 수소가스가 더 뛰어나지만, 수소는 폭발성이 있고 위험해서 적어도 사람이 타는 기구에는 헬륨만 사용한다.

헬륨의 끓는점은 -269℃(4K)로 낮아서 강력한 냉매로도 사용된다. 실용적인 초전도체는 액체 헬륨 온도까지 냉각해야 해서 초전도=액체 헬륨과 같은 상태이다. 즉 뇌의 단층 사진을 찍는 MRI도, 차체 부상을 위해 초전도 자석을 이용해서 개발 중인 자기 부상 열차 하이퍼루프도 액체 헬륨이 없으면 움직이지 않는다.

이렇게 귀중한 헬륨이지만, 현재 실용적인 공급원은 미국에 의존하고 있다. 카타르와 알제리 등에서의 채굴도 검토되고 있지만, 아직 본격적인 가동은 아니다. 헬륨은 땅속에서 원자핵 붕괴(1-7 참조)의 산물(α선)로서 발생하기 때문에 땅속에 존재한다. 천연가스를 채굴하듯이 유전 같은 우물을 파서 헬륨을 채굴해야 하는 것이다.

헬륨의 수요는 매년 높아지고 그에 따라 가격도 급등하고 있다. 가까운 미래에 희유금속이나 희토류와 마찬가지로 서로 뺏고 빼앗는 자원이 되지 않을까 우려된다.

② 네온 Ne

네온은 말할 것도 없이 네온사인의 광원이다. 유리관에 네온가스를 채우고 안에서 방전되면 붉은빛을 낸다. 네온이 전기에너지에 의해 고에너지 상태(들뜬 상태, 2-7 참조)가 되고, 그것이 원래의 바닥 상태로 돌아갈 때 방출된 에너지가 붉은빛인 것이다. 불꽃 반응은 들뜬 상태로 만드는 에너지로서 전기에너지가 아닌 열에너지를 이용한 것으로 전기발광과 같은 원리이다.

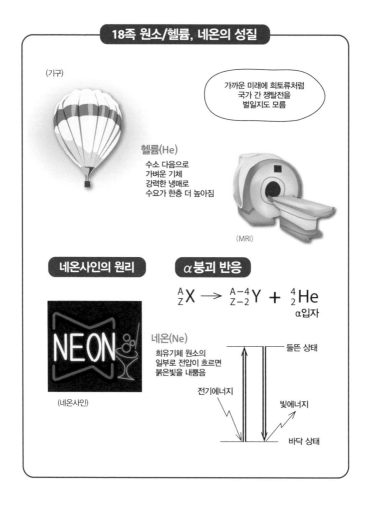

18족 원소/헬륨, 네온의 성질

(기구)

가까운 미래에 희토류처럼 국가 간 쟁탈전을 벌일지도 모름

헬륨(He)
수소 다음으로 가벼운 기체 강력한 냉매로 수요가 한층 더 높아짐

(MRI)

네온사인의 원리

(네온사인)

α붕괴 반응

$$^{A}_{Z}X \longrightarrow \,^{A-4}_{Z-2}Y + \,^{4}_{2}He$$
α입자

네온(Ne)
희유기체 원소의 일부로 전압이 흐르면 붉은빛을 내뿜음

들뜬 상태

전기에너지 빛에너지

바닥 상태

18족 나머지 원소들의 성질

헬륨, 네온 이외의 18족 원소는 별로 익숙하지 않은 원소들이지만 그렇다고 생활과 아무런 관계가 없지는 않다.

① 아르곤 Ar

아르곤은 공기의 성분으로 세 번째로 많다(8-7 참조). 아르곤은 칼륨 K의 동위 원소인 ^{40}K의 원자핵이 전자를 포획하면서 생긴 것으로 보인다. 지구나 금성, 화성 같은 암석 행성에서는 ^{40}Ar이 많은데 태양에는 초신성 폭발로 생긴 곳에는 ^{36}Ar이 많다고 알려져 있다.

아르곤은 백열전등에 넣어 필라멘트 성분인 텅스텐 W이 승화하는 것을 방지하는 역할을 한다.

아르곤을 들이마시고 말하면 헬륨과는 반대로 목소리가 낮아진다고 한다.

② 크립톤 Kr

실용적인 용도는 아르곤과 마찬가지로 백열전등에 포함되어 필라멘트의 승화를 방지한다.

③ 제논 Xe

네온사인과 같은 원리로 제논 가스 중에 방전되면 강한 빛을 내는 것이 있기 때문에 제논 램프로 이용된다. 단열성이 높아서 이중 유리의 층간에 채우는 가스로도 이용된다. 마취 작용이 있어서 수술용으로 이용하려는 시도도 있다.

④ 라돈 **Rn**

라돈에는 몇 가지 동위 원소가 있는데 모두 방사성이다. 그래서 건강에 좋지 않다고 하지만 소량의 방사성 물질은 반대로 몸에 좋다는 호르메시스 효과(**6-6** 참조)도 알려져서 마지막은 개인의 가치 판단의 문제가 되었다. 라돈은 우라늄 U에서 라듐 Ra를 경유해서 원자핵 붕괴로 인해 발생한다. 지하실이나 돌로 만든 집에는 라돈이 많다고 한다. 라돈은 다른 희유기체 원소에 비해 물에 대한 용해도가 크고 라듐 온천에는 라돈이 녹아 있다.

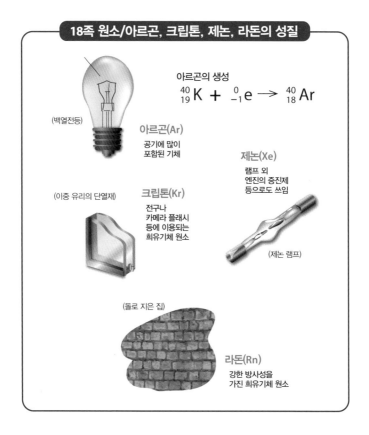

18족 원소/아르곤, 크립톤, 제논, 라돈의 성질

아르곤의 생성

$$^{40}_{19}K + ^{0}_{-1}e \longrightarrow ^{40}_{18}Ar$$

(백열전등)

아르곤(Ar)
공기에 많이 포함된 기체

제논(Xe)
램프 외 엔진의 증진제 등으로도 쓰임

(이중 유리의 단열재)

크립톤(Kr)
전구나 카메라 플래시 등에 이용되는 희유기체 원소

(제논 램프)

(돌로 지은 집)

라돈(Rn)
강한 방사성을 가진 희유기체 원소

전이 원소 각론

	1	2	3	4	5	6	7	8	9
1	**1H** 수소								
2	**3Li** 리튬	**4Be** 베릴륨							
3	**11Na** 나트륨	**12Mg** 마그네슘							
4	**19K** 칼륨	**20Ca** 칼슘	**21Sc** 스칸듐	**22Ti** 타이타늄	**23V** 바나듐	**24Cr** 크로뮴	**25Mn** 망가니즈	**26Fe** 철	**27Co** 코발트
5	**37Rb** 루비듐	**38Sr** 스트론튬	**39Y** 이트륨	**40Zr** 지르코늄	**41Nb** 나이오븀	**42Mo** 몰리브데넘	**43Tc** 테크네튬	**44Ru** 루테늄	**45Rh** 로듐
6	**55Cs** 세슘	**56Ba** 바륨	란타넘족	**72Hf** 하프늄	**73Ta** 탄탈럼	**74W** 텅스텐	**75Re** 레늄	**76Os** 오스뮴	**77Ir** 이리듐
7	**87Fr** 프랑슘	**88Ra** 라듐	악티늄족	**104Rf** 러더포듐	**105Db** 두브늄	**106Sg** 시보귬	**107Bh** 보륨	**108Hs** 하슘	**109Mt** 마이트너튬

란타넘족	**57La** 란타넘	**58Ce** 세륨	**59Pr** 프라세오디뮴	**60Nd** 네오디뮴	**61Pm** 프로메튬	**62Sm** 사마륨	**63Eu** 유로퓸
악티늄족	**89Ac** 악티늄	**90Th** 토륨	**91Pa** 프로트악티늄	**92U** 우라늄	**93Np** 넵투늄	**94Pu** 플루토늄	**95Am** 아메리슘

제9장에서는 '전이 원소' 그룹에 대해 살펴보자. '전이 원소'에는 4~11족 그룹이 해당되는데 모두 금속 원소이며 족별 명확한 성질의 차이는 없다. 각 원소의 특징을 알아보자.

10	11	12	13	14	15	16	17	18
								2He 헬륨
			5B 붕소	6C 탄소	7N 질소	8O 산소	9F 플루오린	10Ne 네온
			13Al 알루미늄	14Si 규소	15P 인	16S 황	17Cl 염소	18Ar 아르곤
28Ni 니켈	29Cu 구리	30Zn 아연	31Ga 갈륨	32Ge 저마늄	33As 비소	34Se 셀레늄	35Br 브로민	36Kr 크립톤
46Pd 팔라듐	47Ag 은	48Cd 카드뮴	49In 인듐	50Sn 주석	51Sb 안티모니	52Te 텔루륨	53I 아이오딘	54Xe 제논
78Pt 백금	79Au 금	80Hg 수은	81Tl 탈륨	82Pb 납	83Bi 비스무트	84Po 폴로늄	85At 아스타틴	86Rn 라돈
110Ds 다름슈타튬	111Rg 뢴트게늄	112Cn 코페르니슘	113Nh 니호늄	114Fl 플레로븀	115Mc 모스코븀	116Lv 리버모륨	117Ts 테네신	118Og 오가네손

64Gd 가돌리늄	65Tb 터븀	66Dy 디스프로슘	67Ho 홀뮴	68Er 어븀	69Tm 툴륨	70Yb 이터븀	71Lu 루테튬
96Cm 퀴륨	97Bk 버클륨	98Cf 캘리포늄	99Es 아인슈타이늄	100Fm 페르뮴	101Md 멘델레븀	102No 노벨륨	103Lr 로렌슘

전이 원소의 종류

전이 원소는 모두 금속 원소이다. 그리고 족별 명확한 성질의 차이는 없다.

① 전이 원소의 전자 구조

3-6에서 봤듯이 전이 원소와 전형 원소의 차이는 전자 배치에 있다. 전형 원소에서는 원자 번호가 증가함에 따라 새로 추가된 전자는 가장 바깥 껍질에 들어간다. 그래서 전자의 개수 차이를 보면 보고 있는 사람의 눈에도 차이가 보인다. 마치 직장인마다 입고 있는 정장이 다른 것과 같다.

반면 대부분의 전이 원소에서는 새로 추가된 전자는 바로 안쪽 d 오비탈로 들어간다. 따라서 차이를 알기 어렵다. 직장인이 입고 있는 와이셔츠의 차이는 구분이 어렵듯이 말이다. 이를 d 구역 전이 원소라고 한다. 그런데 3족 란타넘족이나 악티늄족에서는 전자가 더 안쪽에 있는 f 오비탈로 들어간다. 이는 마치 속옷의 차이와도 같다. 이를 f 구역 전이 원소라고 한다.

또 3족 중에서 스칸듐 Sc, 이트륨 Y, 란타넘족을 묶어 희토류라고 부르는 경우가 있다. 이 책에서는 제10장에서 정리해서 소개하겠다.

②전이 원소의 종류

전이 원소에서는 족에 상관없이 몇 개의 원소를 묶어서 어떤 족이라고 부르기도 한다.

A. 철족 원소

8족의 철 Fe, 9족의 코발트 Co, 10족의 니켈 Ni은 성질이 비슷해서 한꺼번에 철족이라고 부르기도 한다.

B. 백금족 원소

8, 9, 10족의 제5, 6주기 원소, 루테늄 Ru, 로듐 Rh, 팔라듐 Pd, 오스뮴 Os, 이리듐 Ir, 백금 Pt은 묶어서 백금족이라고 부르기도 한다.

C. 귀금속

보석의 귀금속이라고 하면 금, 은, 백금을 말하지만 화학적 귀금속이라고 하면 백금족의 6 원소에 금 Au, 은 Ag을 더한 8 원소를 말한다. 모두 희귀하고 부식에 강한 금속이다.

D. 초우라늄 원소

원자 번호 93번 이후의 원소는 자연계에 존재하지 않고 원자로에서 인공적으로 만들기 때문에 초우라늄 원소로 구분한다.

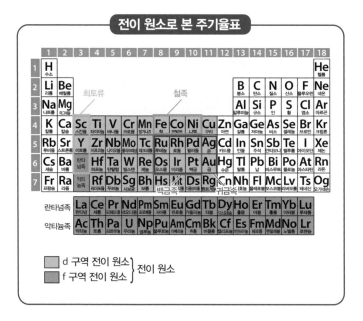

전이 원소로 본 주기율표

4족의 성질: 모조품 다이아몬드

3족은 다른 장에서 살펴보기로 하고 여기서는 4족을 알아보자. 4족 원소는 모두 가장 바깥 껍질인 s 오비탈에 2개의 전자를 가지고 바로 안쪽 껍질인 d 오비탈에 2개의 전자를 가진다. 타이타늄, 지르코늄, 하프늄은 희유금속으로 지정되어 있다.

① 타이타늄 Ti

타이타늄은 희유금속의 일종이지만 지각 중 존재량은 전체 원소 중 9번째로 풍부하다. 하지만 정련이 쉽지 않다.

비중이 5 이하인 경금속이지만 강도는 알루미늄의 6배 정도가 된다. 따라서 비행기 등의 기체에 사용되며 그 외에 안경테나 손목시계 등에도 사용된다. 니켈 Ni과의 합금은 형상 기억 합금으로 알려져 있다. 변형시켜도 일정 온도로 가열하면 원래 형태로 돌아가는 금속이다.

산화타이타늄 TiO_2은 자외선을 흡수해 산화력이 강한 수산기 ^-OH 등을 발생시키는 광촉매로 알려져 있다.

② 지르코늄 Zr

지르코늄은 중성자를 흡수하기 어려워서 원자로의 구조재, 특히 연료봉의 피복재에 사용된다. 금속 지르코늄의 90%는 원자로에서 사용된다고도 한다.

산화지르코늄 ZrO_2은 지르코니아라고 불리며 녹는점이 2,700℃로 매우 높아서 내열 세라믹의 원료로 쓰인다. 또한 굴절률이 2.18로 높아 굴절률 2.42인 다이아몬드의 모조품으로 사용된다.

보석인 지르콘은 풍신자석 또는 히아신스라고도 부르며 지르코늄의 규산염 $ZrSiO_4$으로 지르코니아와는 다른 물질이다.

③ 하프늄 Hf

하프늄은 지르코니아와는 반대로 중성자를 흡수하는 능력이 크기 때문에 원자로의 중성자 제어재(11-4 참조)로 사용된다. 그러나 하프늄은 화학적 성질이 지르코늄과 비슷해서 지르코늄과 같은 광석으로 산출되기 때문에 둘의 완전한 분리가 중요하다.

4족 원소의 전자 배치

오비탈 원소	K	L	M			N				O				P			
			3s	3p	3d	4s	4p	4d	4f	5s	5p	5d	5f	6s	6p	6d	6f
22 Ti	2	8	2	6	2	②											
40 Zr	2	8	2	6	10	2	6	2		②							
72 Hf	2	8	2	6	10	2	6	10	14	2	6	2		②			

○ 최외각 전자

4족 원소의 성상

원소	비중	녹는점[℃]	성상
Ti	4.54	1,660	은색
Zr	6.51	1,852	은색
Hf	13.30	2,230	회색

4족 원소의 성질

(텀블러)
Ti

타이타늄(Ti)
광촉매로도 사용되는 경금속
비행기부터 시계, 형상기억합금까지
용도가 폭넓음

지르코늄(Zr)
중성자를 흡수하기 어려운
특성을 살려 원자로의 구조재에
사용되는 금속
모조 다이아몬드가 되기도 함

지르코늄과 하프늄은
원자로의 구조재나
제어재로 사용

(원자로)
Zr

하프늄(Hf)
지르코늄과 마찬가지로
원자로에 이용되는 금속
중성자의 흡수율이 높아서
제어재로 사용

5족의 성질: 석유 생물 기원설의 근거

5족 원소에는 같은 족에 속해 있으면서도 최외각 전자 수가 다른 원소가 있다. 바나듐과 탄탈럼은 최외각 전자가 2개이며 바로 안쪽 d 오비탈에 3개 전자를 가지고 있다. 하지만 나이오븀은 최외각 전자가 1개이며 대신 안쪽의 d 전자가 4개로 늘어난다.

5족 원소는 모두 희유금속으로 지정되어 있다.

① 바나듐 V

바나듐은 인체의 필수 원소는 아니지만 당뇨병에 효과가 있을지도 모른다고 알려져 보충제 등에 배합된다. 바나듐의 지각 속 존재량은 23위로 꽤 많이 있지만, 국부적으로 집합된 광상을 만들지 않기 때문에 채굴이 쉽지 않다.

해수에 풍부하며 그것이 생물 농축되어 특히 척삭동물문의 해초강인 멍게에 많이 함유되기 때문에 유명하다. 석유에도 함유되어 있어서 석유의 생물 기원설의 논거 중 하나이다.

금속 바나듐 자체는 부드럽고 전도성이 뛰어나며 가공도 쉽지만, 합금으로 만들면 기계적 강도, 내열성이 뛰어나다. 철과의 합금은 고경도강이 되고 타이타늄과의 합금은 비행기 기체에 이용되기도 한다. 또한 골프 클럽의 헤드로도 사용된다.

② 나이오븀 Nb

나이오븀은 합금의 재료로 사용된다. 철과의 합금은 고경도강이나 내열 초합금으로 비행기 엔진 등에 사용한다. 초전도체의 소재로도 중요하다. 또 오산화나이오븀 Nb_2O_5을 섞은 유리는 굴절률이 올라가기 때문에 산화납 PbO_2 대신 사용된다.

③ 탄탈럼 Ta

탄탈럼을 이용한 콘덴서는 소형에다 전류 누출이 적고 안정적이므로 휴대 전화나 소형 PC에는 빼놓을 수 없는 존재가 되었다. 또한 인공 뼈나 치아 임플란트에도 사용된다.

5족 원소의 전자 배치

원소 \ 오비탈	K	L	M			N				O				P			
			3s	3p	3d	4s	4p	4d	4f	5s	5p	5d	5f	6s	6p	6d	6f
23 V	2	8	2	6	3	②											
41 Nb	2	8	2	6	10	2	6	4		①							
73 Ta	2	8	2	6	10	2	6	10	14	2	6	3		②			

○ 최외각 전자

5족 원소의 성상

원소	비중	녹는점[℃]	성상
V	6.11	1,887	은백색
Nb	8.57	2,468	회색
Ta	16.65	2,996	청회색

5족 원소/바나듐, 나이오븀, 탄탈럼의 성질

바나듐(V)
합금으로서 폭넓게
사용되는 금속
생물 농축되어
멍게 등에 들어있음

나이오븀(Nb)
철과 타이타늄과의
합금에 사용
초전도체의
소재가 되는 금속

탄탈럼(Ta)
무해한 금속이어서
인공 뼈나 이의
치료에 사용

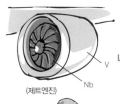
(제트엔진)
V
Nb

(멍게)

(임플란트)
Ta

6족의 성질: 밤이 밝아진 이유

6족 원소에는 의외로 친근한 원소들이 모여 있다. 하지만 5족과 마찬가지로 최외각 전자의 개수는 똑같지 않다. 크로뮴과 몰리브데넘은 1개씩이지만, 텅스텐은 2개이다. 모두 희유금속으로 지정되어 있다.

① 크로뮴 Cr

크로뮴은 독이 되기도 하고 약이 되기도 하는 원소이다. 크로뮴은 이온이 되면 3가의 Cr^{3+}, 4가의 Cr^{4+}, 6가의 Cr^{6+}가 된다. 이 중 3가는 인체의 필수 원소이다. 반면 6가 크로뮴은 매우 유독하며 4가 크로뮴은 발암성이 의심된다.

크로뮴은 유용한 금속이다. 산화되면 더 이상의 산화를 거스르는 부동태를 만들어 더욱더 단단해지며, 그것이 아름답기도 해서 크로뮴 도금에 사용된다. 니켈 Ni과 함께 스테인리스 재료로도 활용한다.

크로뮴은 발색과 관련된 경우가 많다. 보석 루비의 빨간 색, 에메랄드의 녹색은 크로뮴으로 인한 색이며 물감인 크로뮴 옐로에도 사용된다.

② 몰리브데넘 Mo

몰리브데넘은 필수 원소로 요산의 생성에 관여하고 있다. 콩과 식물 특유의 질소 고정 시 활약하는 효소 중에도 몰리브데넘이 포함된 것이 밝혀졌다. 몰리브데넘을 포함한 철합금은 기계적 강도가 뛰어나고, 구리 Cu와의 합금은 전도성과 온도 특성이 뛰어나다.

③ 텅스텐 W

텅스텐은 가장 높은 녹는점을 가진 금속이며 전기저항도 비교적 높아서 백열전등의 필라멘트로 자주 사용된다. 또한 비중도 금과 마찬가지로 크기 때문에 관철력이 큰 철갑탄으로 사용되기도 한다.

철과의 합금은 기계적 강도가 커져 고경도강으로서 기계 공구의 절삭 등에 사용된다. 세계 산출량의 약 84%를 중국 한 나라가 차지하고 있다.

6족 원소의 전자 배치

오비탈 원소	K	L	M			N				O				P			
			3s	3p	3d	4s	4p	4d	4f	5s	5p	5d	5f	6s	6p	6d	6f
24 Cr	2	8	2	6	5	①											
42 Mo	2	8	2	6	10	2	6	5		①							
74 W	2	8	2	6	10	2	6	10	14	2	6	4		②			

○ 최외각 전자

6족 원소의 성상

원소	비중	녹는점[℃]	성상
Cr	7.19	1,860	은백색
Mo	10.22	2,617	회색
W	19.30	3,422	은백색

6족 원소의 성질

Cr

(에메랄드와 루비)

Mo

(필라멘트)

W

(식칼)

크로뮴(Cr)

3가 크로뮴은 필수 원소,
6가 크로뮴은 유독함
도금이나
스테인리스에도 사용

몰리브데넘(Mo)

생물의 필수 원소
합금으로도
뛰어난 성능을 가진 금속

텅스텐(W)

전체 금속 중 녹는점이
가장 높은 금속
합금으로 기계 공구
절단에도 이용

7족의 성질: 심해 바닥에 굴러다니는 공

7족 원소 중 테크네튬은 자연계에 존재하지 않는다. 그래서 자연계에 존재하는 원소는 망가니즈와 레늄, 두 가지뿐으로 두 원소 모두 희유금속에 속한다. 최외각 전자는 둘 다 2개씩이다.

① 망가니즈 Mn

망가니즈는 인체의 필수 원소로 뼈의 성장과 대사와 관련이 있다. 단, 과다 섭취하면 중독이 되고 평형감각에 이상이 나타나거나 생식능력이 부족해진다고 한다.

망가니즈는 망가니즈 건전지나 알칼리 건전지의 원료로서도 중요하다.

망가니즈는 산화되기 쉬워서 강력한 환원제가 된다. 또한 망가니즈가 포함된 우물 등의 땅속 구멍에는 산소가 결핍되어 있을 가능성이 있어 무심코 안에 들어갔다가 질식사할 수도 있다. 반면 과산화망가니즈는 강력한 산화제로서 중요한 존재이다.

망가니즈는 망가니즈 단괴로 심해 4,000~6,000m 해저에 감자~축구공 크기의 덩어리로 존재한다고 알려져 있다. 성분은 주로 망가니즈나 구리 Cu 등의 수산화물로 망가니즈 총 혼입량은 육상의 매장량을 능가한다고 한다. 하지만 아직 채산성을 따질 만큼 채집되지는 않았다.

② 테크네튬 Tc

테크네튬은 모든 동위 원소가 방사성이고 불안정하며 반감기가 가장 긴 것도 420만 년 정도에 불과해서 자연계에는 거의 존재하지 않는다. 연구는 몰리브데넘 Mo에 양성자를 쬐어 만든 합성 원자핵을 이용해 이루어진다.

③ 레늄 Re

레늄의 녹는점은 텅스텐 W에 이어 전체 원소 중 두 번째로 높고 비중은 네 번째이다. 로켓의 노즐이나 고온 측정의 열전대에 사용된다. 광상을 만들지 않는 금속으로 생각되었지만 1990년대 이투루프섬의 화산에서 거의 순수한 이황화 레늄 ReS_2이 발견되었다.

7족 원소의 전자 배치

오비탈	K	L	M			N				O				P			
원소			3s	3p	3d	4s	4p	4d	4f	5s	5p	5d	5f	6s	6p	6d	6f
25 Mn	2	8	2	6	5	②											
43 Tc	2	8	2	6	10	2	6	5		②							
75 Re	2	8	2	6	10	2	6	10	14	2	6	5		②			

○ 최외각 전자

7족 원소의 성상

원소	비중	녹는점[℃]	성상
Mn	7.44	1,244	은백색
Tc	11.50	2,172	은백색
Re	21.02	3,180	회색

7족 원소/망가니즈, 테크네튬, 레늄의 성질

(망가니즈 전지)

레늄은 열 전도성도 매우 높음

망가니즈(Mn)
뼈의 성장이나 대사를 돕는 인체의 필수요소 산화되기 쉬움

테크네튬(Te)
자연계에는 존재하지 않는 인공의 방사성 원소

레늄(Re)
텅스텐 다음으로 녹는점이 높은 금속

Re

(로켓의 노즐)

8족의 성질: 유기 화학에 빼놓을 수 없는 촉매

8족 원소 중 철은 철족에 해당한다. 그리고 루테늄과 오스뮴은 백금족으로 귀금속이다. 전자 배치에서 철과 오스뮴은 가장 바깥 껍질에 2개의 전자를 가지고 있지만 루테늄은 1개밖에 없다. 둘 다 희유금속은 아니다.

① 철 Fe

철은 필수 원소 중 하나이며 적혈구 속 헤모글로빈에 포함된 헴의 중심 원자로서 산소 운반에 중요한 기능을 하고 있다.

철은 인류와 깊은 연관이 있는 금속으로 철기 시대라는 시대 구분이 있을 정도이다. 철을 최초로 사용한 민족은 히타이트인이며 시점은 기원전 1500년경으로 알려져 있다. 철은 산화물로 산출되기 때문에 금속 철을 얻기 위해서는 산소를 제거해야 하고, 이를 환원이라고 한다.

대부분 광물의 환원은 탄소를 이용한다. 철광석과 석탄, 목탄을 함께 달구고 철광석의 산소로 탄소를 태워 이산화탄소로 만드는 것이다. 이 과정에서 철에 2~4% 정도의 탄소가 섞인다. 이러한 철을 주철이라고 한다. 딱딱하지만 연약하다는 약점이 있다. 탄소 함유량이 2% 이하인 철을 강철이라고 하며 단단하고 탄성이 있어 각종 철제품에 사용된다.

철은 자성재료로서 최첨단 과학을 지탱하고 철근콘크리트로서 건물을 지지하는 등 다양한 의미에서 현대 사회에 꼭 필요한 금속이다.

② 루테늄 Ru

루테늄은 일반인의 눈에 띄는 곳에서는 사용되지 않는 것처럼 보인다. 하지만 하드 디스크의 기억 소자 소재로 중요한 역할을 하고 있으며 유기 화학 반응의 촉매로도 쓰인다.

③ 오스뮴 Os

오스뮴은 가장 큰 비중을 가지는 원소이다. 사산화오스뮴 OsO_4은 산화
제로서 유기 화학 반응에서 중요한 시약인데 강렬한 냄새를 지녔다. 그래서
그리스어로 냄새라는 의미의 오스뮴이라고 불리게 되었다고 한다.

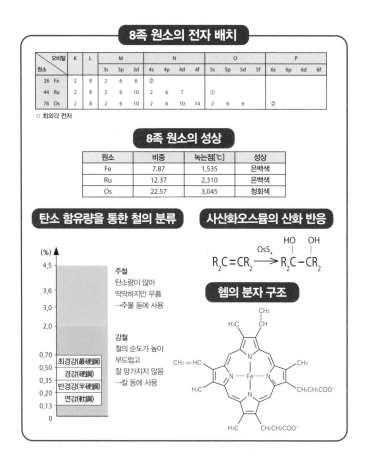

8족 원소의 전자 배치

오비탈 원소	K	L	M			N				O				P			
			3s	3p	3d	4s	4p	4d	4f	5s	5p	5d	5f	6s	6p	6d	6f
26 Fe	2	8	2	6	6	②											
44 Ru	2	8	2	6	10	2	6	7		①							
76 Os	2	8	2	6	10	2	6	10	14	2	6	6		②			

○ 최외각 전자

8족 원소의 성상

원소	비중	녹는점[℃]	성상
Fe	7.87	1,535	은백색
Ru	12.37	2,310	은백색
Os	22.57	3,045	청회색

탄소 함유량을 통한 철의 분류

(%)
4.5

3.6

3.0

2.0

0.70 | 최경강(最硬鋼)
0.50 | 경강(硬鋼)
0.35 | 반경강(半硬鋼)
0.20 | 연강(軟鋼)
0.13

0

주철
탄소량이 많아
딱딱하지만 무름
→주물 등에 사용

강철
철의 순도가 높아
부드럽고
잘 망가지지 않음
→칼 등에 사용

사산화오스뮴의 산화 반응

$$R_2C=CR_2 \xrightarrow{OsS_4} R_2C-CR_2$$
(HO OH)

헴의 분자 구조

9족의 성질: 염색과 도금이 가능한 편리한 금속

9족 원소 중 로듐과 이리듐은 백금족으로 귀금속으로 분류된다. 코발트와 이리듐은 가장 바깥 껍질에 2개의 전자를 가지지만 로듐은 1개밖에 없다. 코발트만 희유금속으로 지정되어 있다. 모두 의외로 흔히 볼 수 있는 금속이다.

① 코발트 Co

코발트는 색채와 관련 있는 경우가 자주 있다. 흰색 자기에 푸른 무늬가 그려진 청화자기의 푸른색은 코발트 색상이다. 또한 코발트와 유기물이 결합한 착체(錯体)는 습도로 인해 색이 변하기도 한다. 염화코발트 $CoCl_2$는 습도가 낮으면 파란색, 높으면 빨갛게 변한다. 이 성질을 이용해 실리카겔 등의 건조제의 효력 여부를 판정하기도 한다.

코발트를 섞은 합금은 기계적 강도가 증가할 뿐만 아니라 내열성도 높아지기 때문에 굴착 공구나 가스터빈 등의 금속 재료로 필수이다. 코발트는 자성재료로도 빠지지 않고 알루미늄 Al, 니켈 Ni, 코발트 Co의 합금인 알니코 합금은 과거 영구자석인 알니코 자석으로 폭넓게 사용되었다. 사마륨 Sm과의 합금인 사마륨 코발트 자석은 현재 가장 강력한 자성재료로 알려져 있다.

② 로듐 Rh

로듐은 하얗고 단단한 금속이다. 그래서 도금에 많이 쓰인다. 플래티넘(백금 Pt)이나 실버(은 Ag), 화이트 골드 등 백색의 귀금속 표면에 흠집을 방지하고 표면을 예쁘게 만들기 위해서 로듐 도금을 뿌리는 경우가 있다.

로듐, 팔라듐 Pd, 백금으로 만들어지는 삼원 촉매는 디젤 엔진의 배기가스를 정화하기 위한 필수요소이다.

③ 이리듐 Ir

이리듐은 내열성과 내마모성이 뛰어나 자동차 점화 플러그와 만년필 펜촉 등에 사용된다. 백금과의 합금은 미터원기(meter原器)와 킬로그램원기에 사용된다.

9족 원소의 전자 배치

오비탈 원소	K	L	M			N				O				P			
			3s	3p	3d	4s	4p	4d	4f	5s	5p	5d	5f	6s	6p	6d	6f
27 Co	2	8	2	6	7	②											
45 Rh	2	8	2	6	10	2	6	8		①							
77 Ir	2	8	2	6	10	2	6	10	14	2	6	7		②			

○ 최외각 전자

9족 원소의 성상

원소	비중	녹는점[℃]	성상
Co	8.90	1,495	회색
Rh	12.41	1,966	은백색
Ir	22.42	2,410	회색

9족 원소의 성질

(염색한 자기)

Co

코발트(Co)

자기 염료 외 합금으로도 사용
인체의 필수 금속

로듐(Rh)

도금에 많이 사용
엔진의 촉매가 되기도 함

이리듐(Ir)

내열성·내마모성이
뛰어난 금속
주로 합금으로 사용

(로듐)

이리듐은 만년필 펜촉이나
세밀한 사이즈가
필요한 원기에 사용

Ir

©Wikipedia

10족의 성질: 치과에서 보는 친숙한 합금

10족 원소 중 팔라듐과 백금은 백금족 중에서도 특히 유명한 귀금속이다. 백금은 흔히 플래티넘이라고 불린다. 니켈은 철족의 일원이며 실용적인 금속으로 활약하고 있다. 최외각 전자 수는 니켈은 2개, 팔라듐은 0개, 백금은 1개로 제각기 다르다. 모두 희유금속이다.

① 니켈 Ni

니켈은 다양한 합금에 사용된다. 스테인리스는 니켈과 철 Fe, 크로뮴 Cr의 합금이다. 100원짜리 동전 등 흰색이 도는 동전은 니켈과 구리 Cu의 합금인 백동이거나 니켈 그 자체이다.

철-니켈 합금은 인바라고 부르며 열팽창이 적어서 시계 등에 이용하고, 니켈-철-몰리브데넘 Mo의 합금은 퍼멀로이라고 부르며 트랜스의 철심에 이용한다.

타이타늄 Ti과의 합금은 형상 기억 합금이며 니카드 전지는 니켈과 카드뮴 Cd을 이용한 전지이다.

한편 니켈은 금속 알레르기를 일으키기 쉽고 발암성도 의심된다.

② 팔라듐 Pd

팔라듐과 수은 Hg의 합금, 즉 아말감은 과거 치과 치료의 재료였지만 수은의 독성 때문에 최근에는 사용되지 않게 되었다. 수소 흡장성이 있어 자체 부피 대비 935배의 수소를 흡수한다.

삼원 촉매(9-7 참조)의 구성 원소인 것 외에도 2010년 네기시 교수와 스즈키 교수의 노벨화학상 수상으로 유명해진 크로스 커플링 반응[12] 등 각종

---

12 교차 결합 반응이라고도 한다.

반응의 촉매로 이용된다.

③ 백금 **Pt**

보석용 귀금속으로서도 중요하지만, 그 이상으로 현대 과학에서 중요한 금속이다. 삼원 촉매의 원료이며 수소 연료 전지도 백금 촉매가 없으면 움직이지 않는다. 또한 시스플라틴 등의 항암제에도 사용되고 있다.

10족 원소의 전자 배치

오비탈 원소	K	L	M			N				O				P			
			3s	3p	3d	4s	4p	4d	4f	5s	5p	5d	5f	6s	6p	6d	6f
28 Ni	2	8	2	6	8	②											
46 Pd	2	8	2	6	10	2	6	10		⓪							
78 Pt	2	8	2	6	10	2	6	10	14	2	6	9		①			

○ 최외각 전자

10족 원소의 성상

원소	비중	녹는점[℃]	성상
Ni	8.9	1,453	은백색
Pd	12.02	1,552	은백색
Pt	21.45	1,772	은백색

10족 원소/니켈, 팔라듐, 백금의 성질

(100원 동전) — Ni

니켈(Ni)
합금으로 경화나
전지에 사용
형상기억합금이 되는 금속

Ni

팔라듐(Pd)
크로스 커플링 반응 외
각종 반응에
촉매로 활약

Pt

백금(Pt)
장신구로서의 가치 외에
연료 전지나
항암제로도 쓰임

(액세서리)

11족의 성질: 귀금속의 대표 선수

11족에는 금, 은이라는 귀금속의 대표 선수가 모여 있는데 희유금속은 아니다. 모든 원소의 최외각 전자는 1개이다.

① 구리 Cu

구리는 부드럽고 높은 전기전도성을 가진 금속이다. 인류와 친숙한 금속으로 시대 구분에 청동기 시대까지 있다. 청동은 브론즈라고도 하며 구리와 주석 Sn의 합금이다. 초콜릿색 금속인데 녹슬면 구리의 녹인 녹청 부분을 닦아 내고 파랗게 변해서 청동이라고 불린다. 녹청의 성분은 $CuCO_3 \cdot Cu(OH)_2$로 과거에는 맹독으로 여겨졌지만, 현재는 무독으로 알려져 있다. 구리 합금에는 아연 Zn과의 합금인 놋쇠(황동), 니켈 Ni과의 합금인 백동 등이 있다.

② 은 Ag

은은 금속 중에서 가장 하얗고 전기 전도성도 전체 원소 중 최고이다. 공기 중에서는 황 성분과 반응해서 검게 변한다. 살균성이 뛰어나 각종 살균제에 사용한다. 용융된 은은 1기압의 산소와 접촉하면 자체 부피의 20배 이상의 산소를 흡수한다. 그리고 고체화할 때 산소를 방출하기 때문에 표면이 아바타 모양으로 움푹 파인다. 이를 방지하기 위해 순은은 무산소 상태에서 만든다.

③ 금 Au

금은 내부식성이 뛰어나 아름다운 광택을 오랫동안 유지하기 때문에 귀금속의 최강자로 여겨진다. 전성·연성이 뛰어나 1g의 금은 2,800m의 철사로 늘어난다고 한다. 또한 금박은 약 1만분의 1mm 두께로 빛에 비추면 청록색으로 보인다.

금은 산에도 알칼리에도 침범당하지 않지만 할로겐과 반응하며 염산과 질산의 혼합물인 왕수나 아이오딘팅크에는 녹는다. 더불어 맹독으로 유명한 청산소다(사이안화나트륨) NaCN 수용액에도 녹기 때문에 도금에 이용된다.

금티오말산나트륨은 몇 안 되는 관절 류머티즘 치료제로 중요한 존재이다.

11족 원소의 전자 배치

오비탈 원소	K	L	M			N				O				P			
			3s	3p	3d	4s	4p	4d	4f	5s	5p	5d	5f	6s	6p	6d	6f
29 Cu	2	8	2	6	10	①											
47 Ag	2	8	2	6	10	2	6	10		①							
79 Au	2	8	2	6	10	2	6	10	14	2	6	10		①			

○ 최외각 전자

11족 원소의 성상

원소	비중	녹는점[℃]	성상
Cu	8.96	1,084	적색
Ag	10.50	962	은백색
Au	19.32	1,064	황색

11족 원소/구리, 은, 금의 성질

구리(Cu)

높은 전도성의 금속
합금으로 청동, 진유,
백동에 쓰임

(동상)

Cu

Au

(금괴)

은(Ag)

전체 원소 중 가장 높은
전지 전도도를 가진 금속
살충제로도 쓰임

금(Au)

잘 부식되지 않아서 귀금속
자산으로 부동의 인기를 자랑
도금이나 류머티즘
치료제로도 쓰임

(식기)

Ag

구리·은·금은
예로부터
인류의 사랑을
받은 원소

희토류 원소

	1	2	3	4	5	6	7	8	9
1	1H 수소								
2	3Li 리튬	4Be 베릴륨							
3	11Na 나트륨	12Mg 마그네슘							
4	19K 칼륨	20Ca 칼슘	21Sc 스칸듐	22Ti 타이타늄	23V 바나듐	24Cr 크로뮴	25Mn 망가니즈	26Fe 철	27Co 코발트
5	37Rb 루비듐	38Sr 스트론튬	39Y 이트륨	40Zr 지르코늄	41Nb 나이오븀	42Mo 몰리브데넘	43Tc 테크네튬	44Ru 루테늄	45Rh 로듐
6	55Cs 세슘	56Ba 바륨	란타넘족	72Hf 하프늄	73Ta 탄탈럼	74W 텅스텐	75Re 레늄	76Os 오스뮴	77Ir 이리듐
7	87Fr 프랑슘	88Ra 라듐	악티늄족	104Rf 러더포듐	105Db 두브늄	106Sg 시보귬	107Bh 보륨	108Hs 하슘	109Mt 마이트너륨

란타넘족	57La 란타넘	58Ce 세륨	59Pr 프라세오디뮴	60Nd 네오디뮴	61Pm 프로메튬	62Sm 사마륨	63Eu 유로퓸
악티늄족	89Ac 악티늄	90Th 토륨	91Pa 프로트악티늄	92U 우라늄	93Np 넵투늄	94Pu 플루토늄	95Am 아메리슘

제10장에서는 3족 중 희토류라고 불리는 원소를 살펴보자. 희토류 원소 17종 중 15종류는 란타넘족이다. 희토류 원소를 이용한 발광성이나 자석, 초전도성 등 다양한 특징에 관해서도 소개한다.

10	11	12	13	14	15	16	17	18
								2He 헬륨
			5B 붕소	6C 탄소	7N 질소	8O 산소	9F 플루오린	10Ne 네온
			13Al 알루미늄	14Si 규소	15P 인	16S 황	17Cl 염소	18Ar 아르곤
28Ni 니켈	29Cu 구리	30Zn 아연	31Ga 갈륨	32Ge 저마늄	33As 비소	34Se 셀레늄	35Br 브로민	36Kr 크립톤
46Pd 팔라듐	47Ag 은	48Cd 카드뮴	49In 인듐	50Sn 주석	51Sb 안티모니	52Te 텔루륨	53I 아이오딘	54Xe 제논
78Pt 백금	79Au 금	80Hg 수은	81Tl 탈륨	82Pb 납	83Bi 비스무트	84Po 폴로늄	85At 아스타틴	86Rn 라돈
110Ds 다름슈타듐	111Rg 뢴트게늄	112Cn 코페르니슘	113Nh 니호늄	114Fl 플레로븀	115Mc 모스코븀	116Lv 리버모륨	117Ts 테네신	118Og 오가네손
64Gd 가돌리늄	65Tb 터븀	66Dy 디스프로슘	67Ho 홀뮴	68Er 어븀	69Tm 툴륨	70Yb 이터븀	71Lu 루테튬	
96Cm 퀴륨	97Bk 버클륨	98Cf 캘리포늄	99Es 아인슈타이늄	100Fm 페르뮴	101Md 멘델레븀	102No 노벨륨	103Lr 로렌슘	

10-1
희토류의 종류

주기율표의 3족에는 4개의 원소명이 쓰여 있다. 이 중 스칸듐 Sc와 이트륨 Y는 각각 1개씩 있는 원소이다. 그런데 아래의 두 개인 란타넘족과 악티늄족은 다르다. 사실 이들은 각각 15개씩 있는 원소무리이다.

원소무리의 내역이 별도의 표로 떨어져 나와 있다는 점을 고려하면 주기율표 본체의 3족은 2+15×2=32개에 이르는 큰 원소무리인 셈이다. 이들 3족 원소무리 중 위의 3개, 즉 스칸듐, 이트륨, 그리고 15개의 란타넘족, 총 17개의 원소를 묶어 희토류라고 부른다.

① 희토류와 희유금속

희토류 17개 원소는 모두 희유금속으로 지정되어 있다. 47종의 희유금속 중 1/3 이상을 희토류가 차지하고 있다는 말이다. 희유금속의 큰 세력이라고 할 수 있다.

5-7, 8에서 봤듯이 희유금속은 현대 과학에 꼭 필요한 존재이다. 현대 과학 중에서도 민감한 영역인 발광, 자성, 초전도 등을 희토류가 담당하고 있다.

② 란타넘족 수축

란타넘족 원소들의 가장 큰 특징은 서로의 물성이 비슷하다는 점이다. 그냥 쌍둥이도 아닌 15 쌍둥이처럼 닮았다. 가장 바깥 껍질의 전자 구조가 같기 때문이다.

전자 구조의 차이는 두 개나 안쪽에 있는 전자껍질인 f 오비탈에 있다. 마치 같은 제복을 입은 똑같은 경찰이지만 입고 있는 팬티의 무늬만 다른 셈이다.

란타넘족의 물성으로서 반드시 등장하는 것이 란타넘족 수축이다. 원자의 지름이 원자 번호의 증가와 함께 감소한다. 4-1에서 봤듯이 원자핵의 전하가 원자 번호에 따라 증가하며 정전인력 역시 증가함에 따른 것으로 이상한 일이 아니다. 이처럼 원자핵의 영향이 직설적으로 반영된다는 말은 다시 말해서 각 원소의 전자구름에 개성이 없다는 증거이기도 하다.

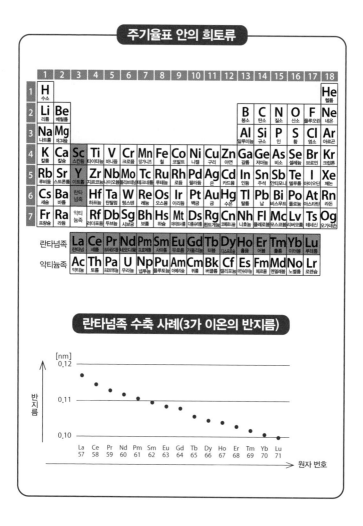

희토류의 물성

앞 절에서 희토류의 특징은 서로 물성이 비슷한 점이라고 말했다. 그렇다면 과연 어느 정도로 비슷할까? 모든 원소의 성질을 살펴보자.

① 희토류의 물성

희토류 모든 원소의 비중, 녹는점 및 홑원소 물질과 3가 이온의 색상, 지각에서의 존재량, 주요 용도를 표로 정리했다.

먼저 비중을 살펴보자. 스칸듐 Sc과 이트륨 Y을 제외하면 란타넘족의 비중은 거의 6~9 사이에 모여 있다. 녹는점도 란타넘족은 거의 900~1,500℃

희토류의 성질

원소명	원소 기호	비중	녹는점	물질의 색
스칸듐	Sc	2.97	1,541	은백색
이트륨	Y	4.47	1,522	은백색
란타넘	La	6.14	921	은백색
세륨	Ce	8.24	799	은백색
프라세오디뮴	Pr	6.77	931	담황록색
네오디뮴	Nd	7.01	1,021	적자색
프로메튬	Pm	7.22	1,168	담홍색
사마륨	Sm	7.52	1,077	담황색
유로퓸	Eu	5.24	822	담홍색
가돌리늄	Gd	7.90	1,313	은백색
터븀	Tb	8.23	1,356	담홍색
디스프로슘	Dy	8.55	1,412	담황록색
홀뮴	Ho	8.80	1,474	황색
어븀	Er	9.07	1,529	핑크색
툴륨	Tm	9.32	1,545	담록색
이터븀	Yb	6.97	824	은백색
루테튬	Lu	9.84	1,663	은백색

에 집중되어 있다. 성질이 비슷하다는 증거다.

란타넘족의 또 다른 특징은 색채가 있다는 점이다. 홑원소 물질, 이온 모두 특유의 아름다운 색을 가진다.

② 자원으로서의 성질

희토류는 현대 과학 산업에 필수적인 자원으로 적은 자원을 둘러싸고 국제적인 쟁탈전이 시작되려 하고 있다.

지각 중 존재량은 희토류 중 가장 존재량이 많다고 하는 세륨 Ce이 60ppm으로 전체 원소 중 25위이다. 그리고 가장 적은 툴륨 Tm과 루테튬 Lu이 0.5ppm으로 60위 정도이다. 하지만 65위인 수은 Hg의 0.2ppm, 74위인 금 Au이나 75위인 백금 Pt의 0.005ppm에 비하면 많고, 도금에 쓰이며 79위인 로듐 Rh의 0.001ppm에 비하면 상당히 많다고 할 수 있다. 이 부분에 관해서는 다음 장에서 다시 살펴보자.

3가 이온의 색	존재량: ppm(순위)	용도
무색	23(31)	경량 합금
무색	33(27)	YAG 레이저
무색	30(28)	미슈메탈, 수소흡장합금, 광학유리
무색	60(25)	미슈메탈, 수소흡장합금, 형광재료
녹색	8.2(38)	도자기용 유약(황색)
담자색	28(29)	YAG 레이저, 자석
담홍색	—	원자력 전지, 형광재료
황색	6(40)	자석, 화학반응 촉매
담홍색	1.2(56)	형광재료, 자성재료
무색	5.4(41)	자성재료, 원자로용 제어재
담홍색	0.9(58)	자성재료
황색	3(44)	자성재료, 형광재료
황색	1.2(57)	YAG 레이저용 첨가제
담자색	2.8(47)	광섬유, 색유리
녹색	0.5(60)	광섬유, 색유리, 방사선 측량정기
무색	3.4(42)	YAG 레이저용 첨가제
무색	0.5(61)	실험용 재료

희토류의 산출

일반적으로 이용하는 희토류의 90%는 중국 수입품이다. 희토류는 중국에서만 산출되는 것일까?

① 희토류 광석

모든 금속과 마찬가지로 희토류도 자연계에서는 광석으로 존재한다. 희토류 광석의 특수한 점은 한 종류의 광석 안에 많은 희토류 금속이 섞여서 존재한다는 것이다.

희토류를 포함한 광석으로는 4종류가 알려져 있다. 바스트네스석, 모나자이트, 제노타임, 이온 흡착형 광상이 그것이다. 각각의 광석에 포함되는 희토류 금속의 종류를 표에 나타냈다. 바스트네스석과 모나자이트에는 란타넘 La, 세륨 Ce, 네오디뮴 Nd이 각각 10% 이상이라는 높은 비율로 포함되어 있다. 한편 이온 흡착형 광상에는 이트륨 Y, 란타넘, 네오디뮴이 주로 포함된다. 반면 제노타임에는 많은 종류가 골고루 포함되어 있다고 한다.

② 희토류 산출국

오른쪽 아래 그림에는 4종 광석의 주요 산출국을 나타냈다. 현재는 중국, 인도, 말레이시아, 호주, 미국이다. 하지만 희토류의 중요성이 알려진 것은 그리 오래되지 않았다. 앞으로 대대적으로 광범위하게 정밀한 탐색이 이루어진다면 위에서 나열한 나라 외의 많은 나라에서 발견될 것이다. 그렇다고 해도 현재로서는 유라시아 대륙의 내륙부가 유력해서 중국의 우위가 한동안은 무너지지 않을 것으로 보인다.

현재 미국을 포함한 많은 나라가 희토류를 중국에서 수입하고 있다. 중국만이 희토류를 산출하기 때문이 아니라, 정련해서 제품화하고 있는 것이 중국뿐이기 때문이다.

    희토류를 정련하기 위해서는 많은 전력과 노력이 필요하며 그 과정에서 더 많은 환경문제가 발생할 수도 있다. 이러한 문제를 적절하게 처리할 수 있는 나라가 현재로서는 중국뿐이라는 의미이다.

광석의 희유금속(희토류 금속) 함유율

	Y	La	Ce	Pr	Nd	Sm	Eu	Gd	Tb	Dy	Ho	Er	Tm	Yb	Lu
바스트네스석	△	◎	◎	○	◎	△	△	△	△	△	△	△	△	△	△
모나자이트	○	◎	◎	○	◎	○	△	○	△	△	△	△	△	△	△
제노타임	◎	△	○	△	△	○	△	○	○	○	○	○	○	△	△
이온 흡착형 광상	◎	◎	○	○	◎	○	△	△	△	○	△	△	△	△	△

【산화물의 함유율】 △ : 0~1%, ○ : 1~10%, ◎ : 10% ~

희토류 산출 지역

● 바스트네스석
● 모나자이트
● 제노타임
● 이온 흡착형 광상

중국

미국

인도

말레이시아

호주

희토류와 발광

브라운관 방식의 컬러 TV가 보급되었을 당시 일본의 모 가전회사가 '키도컬러'라는 TV 시리즈를 판매했었다. 선명하고 아름다운 색이 특징이었다. 이 '키도'라는 이름에는 밝기를 나타내는 '채도'와 희토류 원소의 '희토'[13]라는 이중적인 의미가 담겼다. 브라운관에 발려있는 형광물질에 희토류가 포함되어 있었기 때문이다.

① 발광

금속이 전자로 발광하는 현상은 수은등, 형광등이나 나트륨램프 등 일상에서도 사용된다. 발광 원리는 다음과 같다. 안정된 표준 상태의 바닥 상태에서 에너지 준위가 낮은 오비탈 a에 들어가 있던 전자가, 전기에너지 $\triangle E$를 흡수해 에너지 준위가 높은 오비탈 b로 이동해 들뜬 상태가 된다.

하지만 들뜬 상태는 불안정해서 전자는 다시 원래의 오비탈로 돌아가 바닥 상태가 되어버린다. 이때 방출된 여분의 에너지 $\triangle E$가 빛이 되는 것이다. 그래서 발광하는 빛의 파장, 빛의 색은 오비탈 a, b 간의 에너지 차이 $\triangle E$와 관계가 있다.

희토류에서는 이 같은 오비탈 a, b가 모두 f 오비탈이다. 그리고 이 경우의 에너지 차이가 딱 가시광선의 에너지와 같다. 현재 TV에 이용되는 발광제, 즉 형광제의 종류와 발광색을 표로 정리했다.

② 레이저

레이저는 각종 재료의 절삭이나 의료 수술 도구로서 빼놓을 수 없다. 레이저는 빛의 일종이지만 파장과 위상이 갖추어진 것으로 강력한 에너지를

---

13 일본어 발음이 '키도'로 같다—옮긴이

가지고 있다. 이 레이저광의 원천으로도 희토류는 중요하다. 특히 수요가 높은 YAG 레이저는 기본 성분이 이트륨 Y, 알루미늄 Al이고 결정 구조가 가넷이라고도 불리는 석류석 형태다. 의료용으로는 용도에 따라 네오디뮴 Nd과 어븀 Er, 툴륨 Tm, 홀뮴 Ho 등이 더해져 마치 희토류 종합 전시장처럼 보인다.

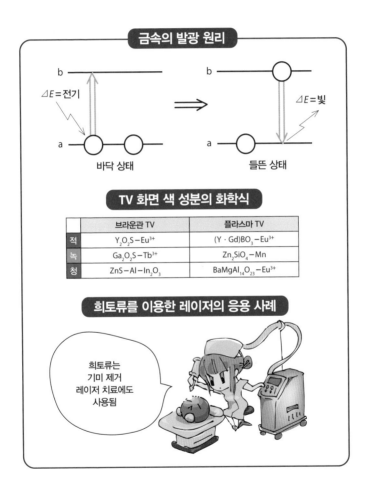

금속의 발광 원리

ΔE=전기   b   a   바닥 상태

ΔE=빛   b   a   들뜬 상태

TV 화면 색 성분의 화학식

	브라운관 TV	플라스마 TV
적	$Y_2O_2S - Eu^{3+}$	$(Y \cdot Gd)BO_3 - Eu^{3+}$
녹	$Ga_2O_2S - Tb^{3+}$	$Zn_2SiO_4 - Mn$
청	$ZnS - Al - In_2O_3$	$BaMgAl_{14}O_{23} - Eu^{3+}$

희토류를 이용한 레이저의 응용 사례

희토류는 기미 제거 레이저 치료에도 사용됨

희토류와 자성 · 초전도성

현대는 정보 사회이다. 그리고 그 정보를 기억하는 것은 자석이다. 자석에는 영구 자석과 전자석이 있으며 전자는 희토류를 사용한 희토류 자석이 석권하고 있다. 전자석은 초전도를 사용한 초전도 자석의 독무대이며 여기서도 희토류가 활약한다.

① 자성

영구 자석으로는 오랫동안 알니코 자석(9-7 참조)이 애용되었다. 하지만 1984년 일본에서 희토류 원소를 이용한 희토류 자석이 발명되면서 양상이 변했다. 철 Fe, 붕소 B, 네오디뮴 Nd을 원료로 하는 네오디뮴 자석은 현대에서 가장 강력한 자석으로 휴대 전화, 전기 자동차 등 모든 모터에 이용되고 있다.

또 사마륨 Sm과 코발트 Co로 만든 사마륨-코발트 자석은 높은 내열성을 가졌다. 이렇게 자석의 세계에서 희토류는 빼놓을 수 없는 존재이다.

② 초전도

초전도는 전기저항이 없는 상태로 특정 금속이나 금속산화물의 소결체를 일정 온도 이하로 냉각시키면 나타나는 상태를 말한다.

초전도 상태에서는 무저항, 무발열로 코일에 많은 전류가 흐를 수 있어서 강력한 전자석, 초전도 자석을 만들 수 있다. 현재의 초전도는 대부분 초전도 자석으로 이용되며 뇌의 단층 사진을 찍는 MRI와 자기 부상 열차의 차체 부유 시에도 사용된다.

③ 고온 초전도체

희토류에서도 스칸듐 Sc, 이트륨 Y는 고압 하에서, 란타넘족 원소는 모든 것이 상압 하에서 초전도를 나타낸다.

초전도의 문제점은 임계 온도가 대부분 절대 온도보다 한 자릿수 초반으로 낮다는 점이다. 그래서 냉매로 액체 헬륨(비점 4K, -269℃)만 사용해야 한다. 임계 온도를 액체질소 온도(77K, -197℃) 이상으로 하는 고온 초전도체를 개발하려는 노력이 계속되어 왔다.

그 결과 1986년에는 희토류 란타넘을 이용한 La-Ba-Cu-O 소결체에서 임계 온도 30K 정도가 관찰되어 고온 초전도체 개발 경쟁의 막이 열렸다. 이듬해인 1987년 역시 희토류 이트륨을 이용해 그림 속의 Y-Ba-Cu-O 혼합물이 개발되어 임계 온도 약 90K가 관찰되었다.

현재 실험실에서의 임계 온도는 160K 정도까지 올라갔다고 하지만 이들은 코일로 성형할 수 없어서 실용화하지는 못하고 있다.

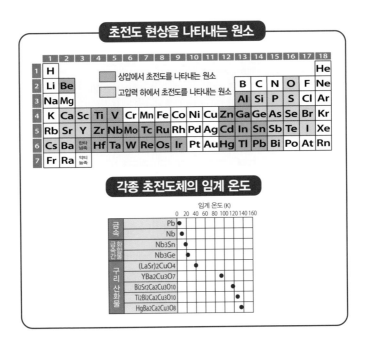

악티늄족 원소

	1	2	3	4	5	6	7	8	9
1	1H 수소								
2	3Li 리튬	4Be 베릴륨							
3	11Na 나트륨	12Mg 마그네슘							
4	19K 칼륨	20Ca 칼슘	21Sc 스칸듐	22Ti 타이타늄	23V 바나듐	24Cr 크로뮴	25Mn 망가니즈	26Fe 철	27Co 코발트
5	37Rb 루비듐	38Sr 스트론튬	39Y 이트륨	40Zr 지르코늄	41Nb 나이오븀	42Mo 몰리브데넘	43Tc 테크네튬	44Ru 루테늄	45Rh 로듐
6	55Cs 세슘	56Ba 바륨	란타넘족	72Hf 하프늄	73Ta 탄탈럼	74W 텅스텐	75Re 레늄	76Os 오스뮴	77Ir 이리듐
7	87Fr 프랑슘	88Ra 라듐	악티늄족	104Rf 러더포듐	105Db 두브늄	106Sg 시보귬	107Bh 보륨	108Hs 하슘	109Mt 마이트너륨

란타넘족	57La 란타넘	58Ce 세륨	59Pr 프라세오디뮴	60Nd 네오디뮴	61Pm 프로메튬	62Sm 사마륨	63Eu 유로퓸
악티늄족 원소 → 악티늄족	89Ac 악티늄	90Th 토륨	91Pa 프로트악티늄	92U 우라늄	93Np 넵투늄	94Pu 플루토늄	95Am 아메리슘

제11장에서는 악티늄족 원소를 살펴보자. 악티늄족은 우라늄과 플루토늄, 토륨 등을 포함한 방사성 원소무리이다. 원자력 발전 문제로 주목받고 있는 그룹이라고 볼 수 있다. 자연계에 존재하는 원소와 인공적으로 만들어진 원소가 혼재하는 그룹이다.

10	11	12	13	14	15	16	17	18
								2He 헬륨
			5B 붕소	6C 탄소	7N 질소	8O 산소	9F 플루오린	10Ne 네온
			13Al 알루미늄	14Si 규소	15P 인	16S 황	17Cl 염소	18Ar 아르곤
28Ni 니켈	29Cu 구리	30Zn 아연	31Ga 갈륨	32Ge 저마늄	33As 비소	34Se 셀레늄	35Br 브로민	36Kr 크립톤
46Pd 팔라듐	47Ag 은	48Cd 카드뮴	49In 인듐	50Sn 주석	51Sb 안티모니	52Te 텔루륨	53I 아이오딘	54Xe 제논
78Pt 백금	79Au 금	80Hg 수은	81Tl 탈륨	82Pb 납	83Bi 비스무트	84Po 폴로늄	85At 아스타틴	86Rn 라돈
110Ds 다름슈타튬	111Rg 뢴트게늄	112Cn 코페르니슘	113Nh 니호늄	114Fl 플레로븀	115Mc 모스코븀	116Lv 리버모륨	117Ts 테네신	118Og 오가네손
64Gd 가돌리늄	65Tb 터븀	66Dy 디스프로슘	67Ho 홀뮴	68Er 어븀	69Tm 툴륨	70Yb 이터븀	71Lu 루테튬	
96Cm 퀴륨	97Bk 버클륨	98Cf 캘리포늄	99Es 아인슈타이늄	100Fm 페르뮴	101Md 멘델레븀	102No 노벨륨	103Lr 로렌슘	

주요 악티늄족 원소의 성질

주기율표의 3족 원소 중에서 가장 아래 칸에 있는 원소무리, 즉 원자 번호 89번 악티늄부터 103번 로렌슘까지 15개의 원소를 묶어서 악티늄족이라고 한다. 불안정하고 방사성을 가지고 있는 점이 특징이다.

악티늄족 원소 중 자연계에 어느 정도의 양으로 존재하는 원소는 첫 6개밖에 없다. 이들 원소의 단체 비중, 녹는점, 성상을 오른쪽 위 표로 정리했다. 다른 원소는 인공합성 되었다고는 하나 미량만 존재해서 물성이나 반응성이 확정되지 않았다.

① 악티늄 Ac

강력한 α선(1-7 참조)을 방사하기 때문에 어둠 속에서도 청백색으로 빛난다. 동위 원소 조성은 거의 100%가 반감기 21.8년인 Ac이지만 최종적으로는 우라늄의 붕괴로 보충되기 때문에 자연계에 계속해서 존재한다. 이처럼 우라늄 → 토륨 → 프로트악티늄으로 변화해 가는 계열을 악티늄 계열이라고 한다.

② 토륨 Th

맹독성일 뿐 아니라 분말로 만들면 산화되어 자연 발화한다. 미래의 원자로 연료로 주목받고 있다. 산출량이 많은 인도에서는 실험로가 가동 중이라고 한다.

③ 프로트악티늄 Pa

비중 15.37, 녹는점 1,575℃의 은백색 금속이다. 맹독성이 있고 방사하는 α선은 강한 발암성을 가져서 쓸 만한 용도가 거의 없다.

④ 우라늄 U

원자로 원료가 된다. 다음 장에서 자세히 살펴보자.

⑤ 넵투늄 Np

원자로에서 우라늄으로부터 플루토늄을 생성할 때의 중간체이지만, 현재로서는 원자력 전지의 열원으로 이용하는 것 이외의 두드러진 용도는 없다.

⑥ 플루토늄 Pu

맹독성 물질이다. 원자핵 붕괴로 인한 열 때문에 어느 정도 이상의 양이 되면 따뜻해지고 큰 덩어리가 되면 물을 끓게 한다. 원자로의 핵연료 폐기물에 함유되어 원자폭탄 재료와 고속 증식로의 연료가 된다.

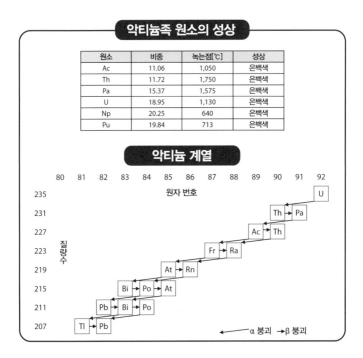

악티늄족 원소의 성상

원소	비중	녹는점[℃]	성상
Ac	11.06	1,050	은백색
Th	11.72	1,750	은백색
Pa	15.37	1,575	은백색
U	18.95	1,130	은백색
Np	20.25	640	은백색
Pu	19.84	713	은백색

악티늄 계열

우라늄의 동위 원소와 핵분열

악티늄족 원소 중에서 가장 중요한 원소는 우라늄 U이다. 우라늄은 핵분열을 이용한 원자로 연료로 중요한 원소이다. 다만 후쿠시마 제1원자력발전소 사고 이후 방사능 위협이 계속되는 지금, 원자로의 필요성과 기본방향에 대해 다양한 논의가 이루어지고 있다.

① 원자로

원자로에는 핵융합을 이용한 핵융합로와 핵분열을 이용한 핵분열로가 있다. 핵융합로는 4개의 수소 원자를 핵융합해서 1개의 헬륨 원자로 만들고 이때 발생하는 에너지를 이용하자는 것인데 아직 실험 단계여서 실현되기까지는 시간이 걸릴 예정이다.

핵분열로(이후 원자로)는 큰 원자핵을 분열시킬 때 발생하는 에너지를 이용하는 것으로 현재 가동 중인 원자로는 모두 이 유형이다. 원자로에는 일반 원자로 외에 고속 증식로가 있다. 고속 증식로의 연료로는 플루토늄 Pu을 이용하지만 일반 원자로에서는 우라늄 U을 사용한다.

덧붙여 향후 토륨 Th을 연료로 하는 원자로도 고려하고 있지만 아직 실현되지 않았다. 또한 우라늄과 플루토늄의 혼합 연료를 사용하는 플루서멀 방식도 있는데 이때 원자로는 일반형이다.

② 우라늄의 핵분열

천연 우라늄에는 3개의 동위 원소 ^{234}U, ^{235}U, ^{238}U이 있는데 존재도는 ^{238}U이 거의 99.3%로 ^{235}U은 0.7%에 불과하다. 하지만 원자로의 연료로 사용할 수 있는 것은 ^{235}U 뿐이다.

따라서 우라늄을 원자로 연료로 만들기 위해서는 ^{235}U의 농도를 수 %까지 높여야 한다. 이를 농축이라고 한다. 동위 원소는 화학적 성질이 같아서 농축하려면 물리적인 수단밖에 방법이 없다. 즉 우라늄을 기체인 육플루오린화우라늄 UF_6으로 바꾸고 이를 여러 단계의 고속 원심분리기에 돌려 분리하는 방법이다. 연료가 되지 못하는 ^{238}U은 열화우라늄이라고 불리며 비중 크기를 이용해 관철력이 큰 총알, 철갑탄이나 지하로 잠수했다가 폭발하는 특수폭탄 등에 사용한다.

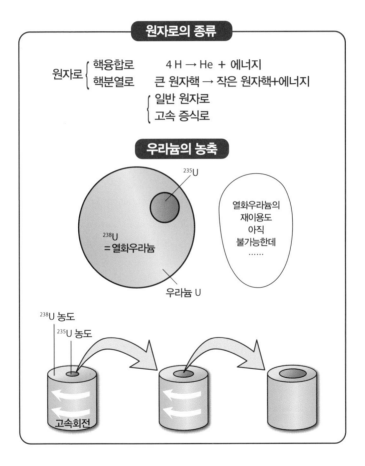

연쇄 반응과 임계량

우라늄의 최대 특징은 핵분열을 분기 연쇄 반응(가지 연쇄 반응)으로 실시한다는 점이다.

① 우라늄과 중성자 반응

^{235}U에 중성자가 충돌하면 우라늄 원자핵은 핵분열 생성물인 복수의 작은 원자핵으로 분열되고 그와 동시에 방대한 에너지와 함께 N개의 중성자를 발생시킨다. 이 중성자가 N개의 ^{235}U에 충돌해 각각 엄청난 에너지와 또다시 N개의 중성자를 만들어낸다.

반응은 대를 거듭하는 n대와 지수적(N^n)으로 확대되어 폭발에 이른다. 이것이 원자폭탄의 원리이다.

하지만 핵분열이 폭발하는 것은 발생하는 중성자의 개수 N이 N〉1이기 때문이며, 만약 N=1이라면 반응은 언제까지나 같은 규모로 유지될 것이고 N〈1이라면 반응은 언젠가 종식되고 만다.

이러한 작은 차이가 원자폭탄과 원자로를 나누는 결정적인 원인이 된다.

② 임계량

우라늄은 1원자로 있는 것이 아니다. 우라늄 금속으로서 방대한 개수의 원자 덩어리로 존재한다. 1-3에서 봤듯이 원자핵은 원자 크기에 비하면 무시할 수 있을 정도로 작다. 우라늄 덩어리에 조사(照射)한 중성자가 핵분열을 유발하기 위해서는 원자핵에 충돌해야 한다. 그러나 그 확률은 무한소(無限小)이다.

덩어리가 작으면 중성자는 원자핵에 충돌하기 전에 덩어리에서 벗어나 버린다. 우라늄 덩어리에 들어간 중성자가 원자핵에 충돌하기 위해서는 결국 우라늄 덩어리가 어느 정도의 크기가 되어야 한다는 말이다. 이때 우라늄의 질량을 임계량이라고 한다.

우라늄은 임계량을 초과하면 N>1이 되므로 가만히 있어도 폭발해 버리고 만다. 그래서 우라늄을 저장할 경우의 철칙은 임계량을 초과해서는 안 된다는 것이다. 1999년 이바라키현 도카이마을에서 일어난 임계사고는 이 철칙을 경시해서 임계량을 넘긴 절대 일어나서는 안 되는 사고였다.

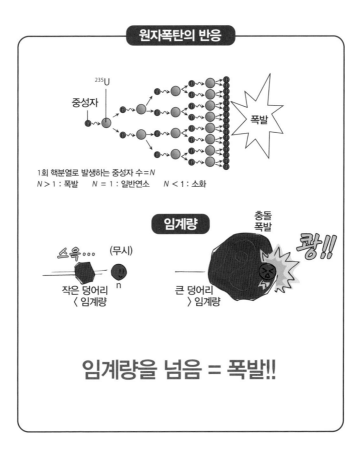

원자로의 조건

우라늄 U을 사용해 원자로를 조립한다고 생각해 보자. 원리적으로는 임계량을 넘는 우라늄 연료봉을 집적하면 핵분열 연쇄 반응이 진행된다. 하지만, 그렇게 하면 원자로는 폭발해 버리므로 원자폭탄이 되고 만다.

① 제어재

원자폭탄이 아닌 원자로를 만들기 위해서는 앞 장에서 살펴본 바와 같이 1회의 핵분열로 발생하는 중성자 수 N을 1 이하로 만들어야 한다. 그렇지만 N은 자연 현상의 결과이며 인위적으로 변화시킬 수는 없다. 따라서 인간이 할 수 있는 일은 불필요한 중성자를 무언가에 흡수시켜 제외하는 것이다. 이 흡수재를 중성자 제어재라고 부른다.

② 감속재

핵분열로 발생하는 중성자는 운동 에너지가 높고 고속으로 날아다니는 고속 중성자이다. 반면 ^{235}U은 고속 중성자와 반응하기 어렵다는 성질이 있다. 효율적으로 반응시키기 위해서는 속도를 줄여 저속 중성자이자 열중성자로 만들 필요가 있다. 이를 위한 소재를 감속재라고 한다.

그러나 중성자는 전기나 자기에 감응하지 않기 때문에 속도를 낮추기 위해서는 다른 물체와의 충돌이 필요하다. 물체의 질량이 크면 충돌한 중성자는 같은 속도로 튕겨 나갈 뿐이다. 속도를 떨어트리기 위해서는 중성자와 비슷한 질량의 물질에 충돌시켜야 한다. 그를 위한 최적의 물질은 수소 원자 H이다. 그래서 물 H_2O을 감속재로 사용한다.

③ 냉각재

　원자력 발전은 원자로에서 발생한 열로 발전기를 돌리는 것이다. 발전기는 화력발전 발전기와 똑같다. 즉 원자로는 화력발전에 비유하면 보일러에 해당하는 부분이다.

　원자로에서 발생한 열을 발전기에 전달하는 열매체를 냉각재라고 한다. 냉각재로는 물을 사용하며, 그렇게 물은 냉각재와 감속재를 겸하게 된다.

원자로의 구조와 운전

원자로가 어떻게 만들어지고 운전되는지 살펴보자..

① 원자로의 구조

그림은 원자로의 구조를 최대한 간단하게 만든 그림이다. 우라늄 덩어리인 연료봉 사이에 제어봉이 삽입되어 있다. 제어봉은 위아래로 움직인다.

원자로는 1차 냉각수로 둘러싸여 있다. 냉각수는 열교환기를 통해 열을 2차 냉각수로 전달하고, 본체는 격납고 밖으로 나오지 않는다. 원자로를 둘러싼 격납 용기는 원자로에서 발생하는 방사선을 외부로 누출하지 않도록 보호하기 위한 것이다.

② 원자로의 운전

연료봉 사이에 제어봉이 삽입되어 있는 동안에는 원자로 내에 충분한 중성자가 없어 핵분열이 일어나지 않는다. 제어봉을 뽑아내면 중성자가 늘어나 핵분열이 일어난다. 그리고 중성자 수가 적당해지면 원자로의 정상 운전이 시작된다. 이처럼 원자로 출력은 제어봉의 상하 이동을 통해 제어한다.

원자로에서 발생한 열에너지는 냉각수에 의해 발전기로 운반되지만 원자로 내 구석구석에 퍼진 1차 냉각수는 방사선에 오염되었을 가능성이 있다. 따라서 열만 격납 용기 밖으로 전달하고 냉각수 본체는 격납 용기 내에 저장하기 위해 열교환기를 통해 열을 2차 냉각수에 전달한다.

③ 핵분열 폐기물

원자로를 운전하면 핵분열로 인한 각종 핵분열 폐기물이 생성된다. 원자 폭탄일 때는 그 폐기물을 '죽음의 재'라고 부를 정도로 높은 방사능을 가진

위험물이기 때문에 엄격한 관리가 필요하다. 더구나 이 폐기물은 원자로 운전과 함께 밤낮으로 증가하기 때문에 최종 폐기를 검토할 필요가 있다.

운전 수명을 마친 원자로는 폐기되지만, 원자로 안에는 남은 방사성 물질이 많다. 그중에는 반감기가 긴 것도 있다. 그 방사능이 자연 수준으로 떨어질 때까지 원자로를 보관하려면 장기적인 보수 관리가 필요하다.

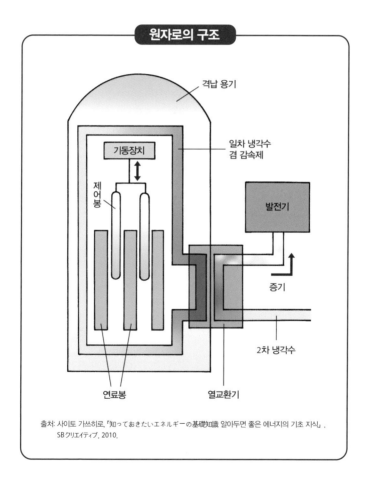

원자로의 구조

격납 용기

기동장치

제어봉

일차 냉각수 겸 감속제

발전기

증기

2차 냉각수

연료봉

열교환기

출처: 사이토 가쓰히로, 『知っておきたいエネルギーの基礎知識 알아두면 좋은 에너지의 기초 지식』, SB クリエイティブ, 2010.

초우라늄 원소

원자 번호 92번 이후의 원자를 초우라늄 원소라고 한다. 초우라늄 원소는 악티늄족뿐만 아니라 4족 원소 이후에도 존재하며 현재는 원자 번호 118번, 즉 18족인 오가네손 Og까지 다양하게 알려져 있다.

① 초우라늄 원소의 성질

1-4에서 봤듯이 원자핵에는 안정적인 것과 불안정한 것이 있다. 철 Fe보다 작은 것도 불안정하지만 큰 것도 불안정하다. 철보다 큰 것은 분열되거나 붕괴해서 더 작은 안정핵, 대부분은 납 Pb의 동위 원소가 되려고 한다.

따라서 원자 번호가 큰 초우라늄 원소는 비록 원자로에서 만들었다고 해도 생기는 즉시 부서져서 물성도 반응성도 확실하지 않다. 그래도 원자 번호가 92번에 가까운 작은 원소는 안정적이며, 그들에 대해서는 앞 장까지 살펴본 바와 같다.

② 신원소의 명명법

원소 명명법은 원자 번호와 1:1로 대응하는 이름이 IUPAC(국제순수·응용화학연합)에 의해 엄밀하게 정해져 있다.

반면 원소의 '정식 이름'에 관한 명명법은 없다. 최초로 발견한 사람이 '어울리는' 이름을 정하고 그를 IUPAC 학회가 인증하면 그제야 정식 이름으로 결정된다. 하지만 정식 이름을 결정하기까지는 발견의 재현성 확인 등이 필요하므로 시간이 걸린다.

그래서 정식 이름이 정해질 때까지 원소는 잠정적인 이름으로 지내게 된다. 잠정 원소명은 원자 번호에 따라 결정된다는 엄격한 규칙이 있다. 그 규칙은 다음과 같다.

원자 번호를 표에 나타낸 수사로 나타내고 마지막에 ium을 붙인다. 단, 같은 모음이 나열되면 어느 한 개를 지운다. 그리고 원소 기호는 수사의 머리글자를 나열하고 첫 글자를 대문자로 만든다.

예를 들어 원자 번호 125번이라면 이름은 1(un) + 2(bi) + 5(pent) + ium = unbipentium 운비펜튬이 되고 원소 기호는 Ubp가 되는 것이다.

원소의 명명법

수	0	1	2	3	4	5	6	7	8	9
수사	nil	un	bi	tri	quad	pent	hex	sept	oct	enn
읽는 법	닐	운	비	트리	쿼드	펜트	헥스	셉트	옥트	엔

113번째로 발견되었으며 현재 니호늄이 된 원소는

정식 이름이 정해지기 전까지는

1(운)+1(운)+3(트리)+움=우눈트륨(원소 기호 Uut)이라고 불림

니호늄

우주를 구성하는 모든 물질은 원소로 이루어져 있다. 현재 밝혀진 물질들은 거의 90종류의 원소로만 구성된다. 그런데 조사해 보니 원소의 종류는 그 이상인 듯하다. 물질을 만들지 않는 원소란 어떤 것일까? 또 그 성질은 어떨까?

① 니포늄

자연계에 존재한다는 사실은 알고 있지만 아직 모든 원소가 발견되지 않았을 무렵 전 세계 과학자들은 신원소(新元素)를 발견하기 위한 경쟁을 하고 있었다. 그러던 중 1904년 일본인 과학자 오가와 마사타카가 신원소를 발견했다. 신원소의 원자 번호는 43번으로 오가와는 이 원소에 '니포늄'이라고 이름을 붙였다. 그러나 안타깝게도 이 원소는 원자 번호 43번이 아닌 것으로 밝혀지면서 니포늄은 꿈속으로 사라졌다.

최근 들어 오가와가 남긴 '니포늄'의 X선 사진을 조사한 결과, 원자 번호 75번 레늄 Re으로 판명되었다. 오가와가 발견한 원소는 나중에 테크네튬이라고 명명된 원자 번호 43번이 아니라 75번인 레늄이었던 것이다.

이 원소가 다른 사람의 손에 의해 발견되어 레늄이라고 명명된 것은 1925년의 일이었다. 만약 오가와가 1904년에 이 원소를 정확하게 75번 원소로 발표했다면 레늄은 '니포늄'으로 명명되었을 것이다.

② 니호늄의 발견

자연계의 원소가 다 발견된 현대에서 새로운 원소를 발견한다는 것은 새로운 원소를 창조하는 일이다. 마치 그리스 신화 프로메테우스의 창조와 같다. 그것을 이루어낸 연구기관과 국가는 그만한 일을 수행할 만한 과학력과 기술력이 있다는 것을 의미한다.

일본의 이화학연구소는 신원소 창조의 연구를 계속한 끝에 마침내 2004년 다음 반응을 통해 113번 원소 창조에 성공했다. 이 원소는 다른 인공원소와 마찬가지로 매우 불안정하며, 반감기는 불과 3.44×10^{-4}초, 즉 344μ초에 불과하다. 따라서 화학적, 물리적 성질은 아직 불분명하다.

$$_{30}Zn + _{83}Bi = _{113}Nh + _0n$$

이 성과는 각국의 연구기관에 의한 추가 실험을 통해 오류가 없는 것으로 확인되었고, 2016년 정식으로 니호늄이라고 확정되었다.

현재 발견된 원소는 원자 번호 118번까지이지만, 도대체 얼마나 더 큰 원소가 발견 혹은 합성될까? 분명하지는 않지만 이론에 따르면 173번 원소까지는 가능할 것이라고 한다. 그러니 앞으로도 당분간은 신원소를 발견하려는 경쟁이 계속될지도 모른다.

長 谷 川 義
오가와 마사타카

※ 일본 이화학 연구소 니시나 가속기 연구 센터가 만든 "113번 원소 특설 페이지"(www.nishina.riken.jp/113/)

齋藤勝裕. (2003). 絶対わかる無機化学. 講談社.

齋藤勝裕. (2005). 絶対わかる量子化学. 講談社.

齋藤勝裕. (2005). はじめての物理化学. 培風館.

齋藤勝裕. (2005). 物理化学. 東京化学同人.

齋藤勝裕, 長谷川美貴. (2005). 無機化学. 東京化学同人.

齋藤勝裕. (2007). 理系のためのはじめて学ぶ無機化学. ナツメ社.

齋藤勝裕. (2007). 理系のためのはじめて学ぶ物理化学. ナツメ社.

齋藤勝裕. (2009). へんな金属すごい金属～ふしぎな能力をもった金属たち～. 技術評論社.

齋藤勝裕. (2009). わかる×わかった！量子化学. オーム社.

齋藤勝裕, 増田秀樹. (2010). わかる×わかった！無機化学. オーム社.

齋藤勝裕. (2011). 休み時間の物理化学. 講談社.

齋藤勝裕. (2008). 金属のふしぎ. SBクリエイティブ.

齋藤勝裕. (2009). レアメタルのふしぎ. SBクリエイティブ.

齋藤勝裕. (2010). 知っておきたいエネルギーの基礎知識. SBクリエイティブ.

齋藤勝裕. (2011). 知っておきたい放射能の基礎知識. SBクリエイティブ.

齋藤勝裕. (2011). マンガでわかる元素118. SBクリエイティブ.

笹田義夫, 大橋裕二, 斉藤喜彦 編集 (1989). 結晶の分子科学入門. 講談社.

セオドア・グレイ, 若林文高 監修, 武井摩利 訳. (2010). 世界で一番美しい元素図鑑. 創元社.

高木仁三郎. (2010). 元素の小辞典. 岩波書店.

富永裕久. (2006). 図解雑学 元素. ナツメ社.

満田深雪. (2009). 元素周期─萌えて覚える化学の基本. PHP研究所.

寄藤文平. (2009). 元素生活─Wonderful Life With The ELEMENTS. 化学同人.

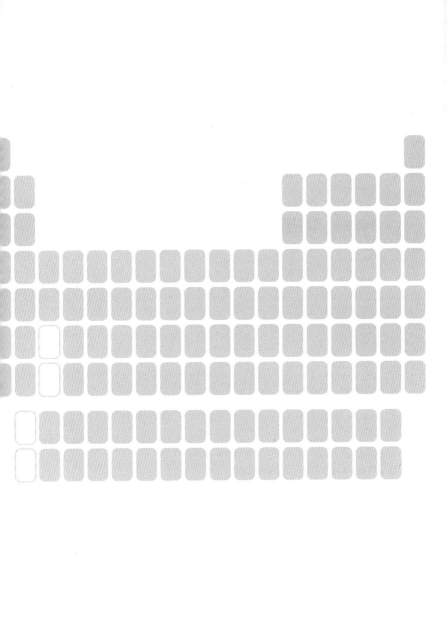

하루 한 권, 주기율의 세계

초판인쇄 2023년 05월 31일
초판발행 2023년 05월 31일

지은이 사이토 가쓰히로
옮긴이 신해인
발행인 채종준

출판총괄 박능원
국제업무 채보라
책임편집 조지원 · 김민정
디자인 홍은표
마케팅 문선영 · 전예리
전자책 정담자리

브랜드 드루
주소 경기도 파주시 회동길 230 (문발동)
투고문의 ksibook13@kstudy.com

발행처 한국학술정보(주)
출판신고 2003년 9월 25일 제406-2003-000012호
인쇄 북토리

ISBN 979-11-6983-326-4 04400
      979-11-6983-178-9 (세트)

드루는 한국학술정보(주)의 지식 · 교양도서 출판 브랜드입니다.
세상의 모든 지식을 두루두루 모아 독자에게 내보인다는 뜻을 담았습니다.
지적인 호기심을 해결하고 생각에 깊이를 더할 수 있도록, 보다 가치 있는 책을 만들고자 합니다.